老房新生 小家改造攻略

里白空间设计 著

本书编委

刘思雨　张雪元　赵　斌

江苏凤凰科学技术出版社 · 南京

图书在版编目（CIP）数据

老房新生：小家改造攻略 / 里白空间设计著. --
南京：江苏凤凰科学技术出版社，2023.3
ISBN 978-7-5537-9094-7

Ⅰ . ①老… Ⅱ . ①里… Ⅲ . ①住宅－室内装饰设计
Ⅳ . ①TU241

中国国家版本馆CIP数据核字(2023)第034279号

老房新生　小家改造攻略

著　　　者	里白空间设计	
项 目 策 划	风凰空间 / 代文超	
责 任 编 辑	赵　研　刘屹立	
特 约 编 辑	代文超	

出 版 发 行	江苏凤凰科学技术出版社
出 版 社 地 址	南京市湖南路1号A楼，邮编：210009
出 版 社 网 址	http://www.pspress.cn
总 　经　 销	天津凤凰空间文化传媒有限公司
总 经 销 网 址	http://www.ifengspace.cn
印　　　刷	天津图文方嘉印刷有限公司

开　　　本	710 mm×1000 mm　1 / 16
印　　　张	12
字　　　数	192 000
版　　　次	2023年3月第1版
印　　　次	2023年3月第1次印刷

标 准 书 号	ISBN　978-7-5537-9094-7
定　　　价	69.80元

图书如有印装质量问题，可随时向销售部调换（电话：022-87893668）。

前言

老房改造，引领装修新潮流！

现在越来越多的人开始选择购买城区内"老破小"或者改造一下自家的老房，来实现"奢侈"的走路或骑车通勤的愿望。同时，老房周边完善的硬件配套和成熟的生活设施，也大大增加了生活的幸福感。一些业主也因为子女教育、老人就医等问题，回归到教育、医疗资源集中的中心城区。

中心城区的老房大多以 20 世纪末的职工配套房为主，以"满足最基本的生活需求"为设计原则。当初的空间规划，比如无客厅、卫生间狭小、户型不方正、采光不良、动线杂乱和收纳低效等问题，与当下崇尚舒适便捷、彰显个性需求的居家环境有很大的矛盾。巨大的舒适度落差，促使业主不得不对老房进行改造，让自己的小家越住越舒适。

我们在设计沟通中发现大家对老房改造往往存在一些顾虑，比如墙体的拆改、坐便器的移位、上下水改造和煤气管道移位等，加之市场品牌杂乱、众说纷纭，关于材料环保性、全屋智能、空调设备等，不知如何选择。所以，本书旨在普及老房改造知识，基于我们十年来设计过的上千套住宅，以17个状况、45个重点实际案例为依据，对老房改造问题进行剖析与解答。哪些改造可以做，哪些不行，哪些老房的缺点可以转化成优点……都可以在我们落地的居住案例中获得直观而明确的答案。本书既可以帮助大家了解更多老房改造的可能性，又能通过多变的定制式方案，提供更多的改造灵感。其中很多改造细节非常因地制宜，都是根据不同地区的居住环境而设计的，即使不装修，一些软装改造手法，也可以帮助大家提升居住幸福度，非常有借鉴意义。

通过阅读这本老房改造之书，你不但会发现老房子的诸多优点，还会从观念上彻底改变"老房改造难"的想法，让老房重获新生。

里白空间设计

目录

1 格局
老房新生的四大户型困局

2 动线
化零为整，靠动线优化户型缺陷

3 采光
打开空间，小黑屋也能轻松"逆袭"

4 收纳
拒绝断舍离，适合国人的储物设计

5 功能
现代人的家，只装最真实的生活愿望

1

格局
老房新生的四大户型困局

状况 01　20 世纪 90 年代前的老房无客厅

解决方案：重新分配公私区域，将朝向好的卧室改为客厅

　　对于一线城市中心地带、房龄超过 30 年的老房来说，拥有客厅是极其奢侈的，"厅"这个功能空间被极限压缩，让出更多的面积做卧室，只为解决"多住两口人"的生存需求。于是，就有了"小厅大室、零厅多室"的老房常见配置。而随着当代人生活习惯的变化，这类房屋格局显然已不能满足年轻一代的居住需求。如何让"消失的客厅"在有限的面积内重现，往往是老房改造的头一道难题。

案例

01

卧室改客餐厅，低成本复刻时髦巴黎公寓

使用面积：80 m²
原始格局：3 室 1 厨 1 卫
改造后格局：2 室 1 厅 1 厨 1 卫
居住人数：2 人

　　这套建于 20 世纪 70 年代的老房，有那个时代房屋的典型特征：狭长的玄关走廊、没客厅、厨房小……这对年轻业主喜欢电影、音乐，希望能把这座老房改造成一个有石膏线元素、中古家具、馥郁色彩的复古居所。

问题 1
有三间卧室，却没有客厅
卧室虽然看起来宽敞，但没有客厅这个公共区域

改造前

次卧

客卧　阳台

厨房　卫生间

主卧

玄关

问题 3
唯一的小阳台在客卧的位置，功能单一
阳台在卧室里，动线受阻，不方便，且实用性不强

问题 2
面积有限，没有独立餐厅
全部规划成卧室，厨房面积小，没有餐厅的位置

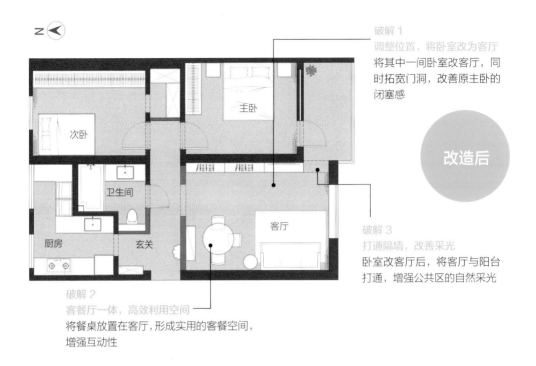

破解 1
调整位置，将卧室改为客厅
将其中一间卧室改客厅，同时拓宽门洞，改善原主卧的闭塞感

改造后

破解 3
打通隔墙，改善采光
卧室改客厅后，将客厅与阳台打通，增强公共区的自然采光

破解 2
客餐厅一体，高效利用空间
将餐桌放置在客厅，形成实用的客餐空间，增强互动性

●将采光最好的原主卧改为客厅，弥补客厅功能缺失的户型缺陷

使用面积为 80 m² 的空间目前仅有两人居住，考虑到未来 2 ~ 3 年家庭成员或有增加，在保留原两居室布局的前提下，设计师将采光最好的原主卧改为客厅，以弥补客厅功能缺失的户型缺陷。

门洞整面墙做加固处理

●重新整合格局，客餐厅一体化设计，在视觉上更加宽敞

　　鱼骨拼接的黑胡桃木色地板在视觉上延伸空间，尽显大气透亮的客厅氛围。设计师巧用室内净高 2.8 m 的优势，米白色墙面以法式石膏线和角花做装饰，映衬着柔雾效果的灰绿色屋顶，四周再细细裹上一圈法式石膏线，显现出优雅的生活格调。

灰绿色的屋顶搭配法式石膏线，尽显客厅大气

●改善空间采光，引入自然光线

进门处靠墙放了一排定制组合柜，除了底部封闭式收纳柜用板材外，其余全部以内部轻钢龙骨结合外部石膏板打造，结实耐用，更加环保，同时为业主省去了大笔装修开支。上方可容纳女主人收藏的唱片、书籍和艺术展示品，下方的收纳柜用来放生活用品，旁边是电视柜。将幕布内嵌在吊顶里，满足业主居家看电影的需求。

用内部轻钢龙骨加外部石膏板定制柜打造电视墙

为增强室内采光，将客厅与主卧阳台间的封闭隔墙打通，利用净高优势做成拱形门洞，作为功能空间的过渡，客厅因此变得更加明朗。阳台拱形门洞下的遮挡物，刚好能将拆不掉的空调管线巧妙隐藏，在视觉上更美观。

利用拱形门遮挡拆不掉的空调管线

02

采光最好的主卧改客厅，『手枪』户型收获完整客厅区

使用面积：45 m²
原始格局：3室1厨1卫
改造后格局：1室1厅1厨1卫
居住人数：2人

"手枪"户型本身就存在通风不畅、采光差的问题。未来3～5年，只有业主夫妇两人居住，3间卧室的配置对于这个家庭来说并不合理，相比只用来睡觉的卧室，能休息、放松的大客厅更为重要。设计师根据业主的居住习惯，重新规划公、私区域的格局，将其中采光最好的主卧改为客厅，解决了老房无客厅的格局困扰。

问题1
客厅、卧室空间分配不合理
客厅功能缺失，3间卧室的配置存在空间浪费的情况

次卧　卫生间　主卧　阳台
卧室
玄关
厨房

问题2
阳台存在不能拆掉的墙体结构
主卧与阳台的连接处，有拆不掉的结构墙垛，占空间且难利用

改造前

破解 2
墙垛改吧台，丰富更多的
使用功能
顺着拆不掉的阳台墙垛，
定制休闲吧台，增加阳台
和客厅的便利性

改造后

破解 1
将原主卧改为客厅，拆掉隔断，引光入室
原主卧现在是客厅，拆掉相邻阳台的隔断，
借此将光线引入生活空间，也有助于空间
流通，从而提升空间整体的舒适度

● 把采光好、通风顺畅、视野开阔的位置留给客厅

原主卧与阳台打通后，改成客厅，让原本零碎闭塞的空间变得连贯宽敞。沙发是客厅唯一的大件家具，加宽沙发的坐深，有效提升了业主居家的幸福感，同时沙发也能作为单人床使用。客厅整体以留白的方式打造耐看不造作的自然之感，室内采光不受限，空间也会更显大。

沙发可做单人床使用，秒变临时客卧

置物架收纳杂物

●将不能拆掉的墙垛重新利用，获得更舒适、宽敞的空间

拆不掉的墙垛，是在阳台改造中常会遇到的问题，挡视线又占面积，不过也能高效利用。设计师将墙上的窗户拆除，拓宽进光面。墙垛台面以木饰面板为装饰，一个简单的小吧台就出现了，在这里看窗外光景，随性放松，有客来访时，也能作为一处别具温馨感的招待场所。

在阳台两侧各留一扇平开窗，方便日常通风，中间的大块玻璃将室外景色"引"入室内，小户型也能拥有别墅质感的风景。

电视柜以层板代替，尽显通透感，也让立面线条显得轻盈

墙垛做木饰面小吧台

状况 02 厨房本就小，还想要中、西两个厨房

解决方案：巧用阳台和餐厅，小户型也能实现中西分厨

　　传统意义上的厨房，是一个集"煎炒烹炸"于一体的功能型空间，仅会在特定的时间段使用，所以大部分老房子会将厨房空间压缩得非常小，且为封闭式格局。但随着人们生活方式的转变，大家对家的理解会更多元化，厨房不再仅是一个劳作空间，也需要承载家的温暖，满足家庭成员之间的互动。西厨的开放式布局，能轻松置入用餐、社交等功能，正因如此，越来越多的人希望厨房能在满足中餐烹饪功能的同时，也能置入西厨功能多元、可社交的空间特性。

03

相邻小阳台改中厨，释放宽敞西厨空间

使用面积：68 m²
原始格局：2室1厅1厨1卫
改造后格局：2室1厅2厨1卫
居住人数：X人

这套房子为满足一家三口居住，被强行改成了两居室。不合理的格局使得次卧很小，缺失玄关，客餐厅被夹在厨房和卫生间中间，用餐空间十分局促。业主夫妇平时很爱在家招待朋友，希望能有一个可容纳8～9人的餐厅，开放式的厨房布局也更方便在下厨的同时，照顾到在客厅的朋友。

问题 1
餐厅被挤在客厅角落，用餐体验极差
业主家中时常有亲友来访，现有用餐区空间小，仅能容纳 4 人用餐，无法满足常招待朋友用餐的需求

改造前

问题 2
客厅隔墙林立，局促憋闷且零采光
公共区隔墙多，面积原本就不算大的空间被切割零散，缺乏实用性

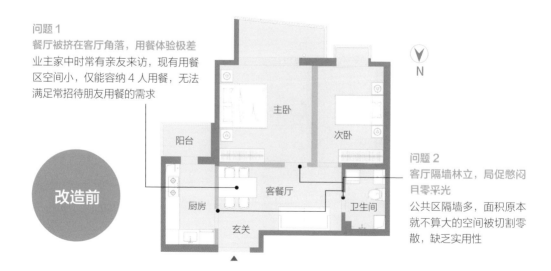

破解1
巧用"鸡肋"小阳台实现中西分厨，西厨与餐厅合并，用餐环境得到提升

将厨房与相邻阳台打通，中厨挪至原阳台位置，利用移门做封闭式中厨区，解决油烟问题，西厨与餐厅合并拓展空间

改造后

破解2
缩小卧室面积，打通客、餐、厨，拓展空间

适当缩减卧室面积，并将客厅与厨房打通，从而构建宽敞的起居空间，公共区动线也因此变得流畅多向

● 客、餐、厨连通，形成宽敞通透的开放式起居空间

相比卧室来说，客、餐、厨才是业主一家使用频率最高的地方，但无奈原客餐厅过于狭小，被四周的隔断墙包围着，整体采光很受影响。改造后，将客、餐、厨完全打通，公共区也因此形成一个开放式西厨区和宽敞的餐厅区，能无障碍串联客厅，用餐环境大大提升。

为改善整体的采光环境，设计师将卧室与客厅之间的隔断墙以玻璃砖代替，在保证卧室私密性的前提下，从卧室为客厅引入光线，同时也能让视线更具延伸感。

用玻璃砖代替墙体，从主卧为客厅引光

●中西分厨设计，做封闭式中厨空间，解决油烟困扰

微调厨房布局，与相邻小阳台打通，为公共区引入自然光的同时，将中厨挪至阳台，实现中西分厨布局。考虑到客餐厅是开放式空间，为搭配整体环境，橱柜采用了莫兰迪配色，无把手柜门里内置反弹器，简化柜体设计使橱柜整体保持轻盈感。西厨作为中厨操作台的功能补充，L形的橱柜布局也提供了充足的储物空间。洗手池旁台面的适当"留白"，能有效避免大体块柜体带来的压迫感，也方便收纳厨房小电器。

中西厨房之间增加玻璃折叠门，开放式布局也能无惧中餐爆炒的"烟火气"

　　中西分厨动线便利，开放式西厨和餐厅区兼顾临时会客功能，方便照顾朋友。为有效避免开放式布局带来的油烟问题，将中厨独立设置。

案例

04

流畅的中西厨烹饪环境、嵌入式设计，打造透亮、

使用面积：70 m²
原始格局：2室2厅1厨1卫
改造后格局：2室2厅2厨1卫
居住人数：3人

这是一套建于20世纪90年代末的房子，采光差且设施老旧，毫无舒适度可言。业主选择这里作为未来5～10年的家，在孩子上大学之前，他们希望能在这个70 m²的小两居内打造一个可以安身的温馨居所。

问题 1
阳台闲置，空间浪费
与厨房相邻的阳台是餐厨区的唯一采光点，却因面积小、布局不合理导致被闲置，白白浪费空间

阳台

厨房

客厅

主卧

次卧

卫生间

餐厅

问题 2
空间分配不合理，进门即餐厅，无采光
餐厨区位于室内中间且无窗，采光差、空间小，使用体验差，一进门给人一种"脏乱差"的感受

改造前

破解 1
利用"鸡肋"阳台，实现中西分厨
阳台区域改为中厨烹饪区，原厨房做西厨，用来备菜、冲咖啡以及泡茶，实现中西分厨布局的同时，收获高效下厨动线

改造后

西厨　厨房

客厅　餐厅　次卧

主卧

衣帽间　玄关

卫生间

破解 2
餐厨合并，做开放式空间
拆除餐厨之间的隔断墙，以营造通透宽敞的视觉体验，同时在入户区定制储物柜，避免杂物侵占空间

●将餐厨区与阳台连通，打造宽敞通透的视觉体验

原餐厨各自独立，使进门处的餐厅成为一个无采光的暗区。为改善餐厅区采光，设计师将餐厨与阳台之间的隔断墙体拆除，将自然光引入室内。同时，在入户门两侧新增储物区，烤漆板墙柜内部安装反弹器，无拉手设计简洁大方，不管是临时衣物还是家政用品全都可以收在这里，轻松解决杂物收纳问题，释放宽敞的用餐空间。

拆除阳台的隔断墙体，使自然光进入室内

玄关隐形储物空间，墙柜的烤漆门板内置反弹器，做无拉手设计

●中厨挪至阳台，原厨房利用嵌入式设计置入西厨功能

中厨被挪至阳台后，厨房实现中西分厨布局，西厨利用定制家具将双开门冰箱嵌入其中，两侧预留散热缝，更节省空间，洗碗机也在做定制橱柜时直接做内嵌设计（注意：并非所有电器都适合做嵌入式设计，购买电器时需提前确认）。

在冰箱旁有定制高柜，注意柜体中间有个巧妙的设计，当你轻轻打开柜门时，会出现一个装咖啡机的台面，再把这个台面往外拉，就变成了一个小的西厨咖啡操作间。有客人来访时可在餐厅招待，冲咖啡、泡茶起个身就能随手操作。

内嵌冰箱、洗碗机等，节省空间，提升空间利用率，厨房干净整洁

升降柜门和抽拉台面，将咖啡机隐藏起来，方便收纳电器

●集成灶代替传统烟灶组合，吸油烟效果更好

由阳台改造而成的中厨烹饪区，以集成灶代替传统的烟灶组合，三面环窗带来充足采光，可自由调节的百叶帘能适应不同时段的光线。边边角角的空间也被充分利用起来，抽拉篮将调味品收入柜内，老旧管道被嵌入柜体中，巧妙隐藏。嵌入式设计能塑造出整齐一致的空间感，同时也实现了业主理想中的通体白色厨房。

老旧管道隐藏在柜体中

在边角空间设计抽拉调味篮

案例

05

空间功能叠加，在餐厅里搭建西厨烘焙区

使用面积：110 m²
原始格局：2室2厅1厨2卫
改造后格局：3室2厅2厨2卫
居住人数：2人

　　你能看出这是一个拥有20年房龄的老房吗？别看使用面积可观，但房屋格局早已不适合现在的年轻家庭，长条户型的采光也急需改善，看设计师如何在不大面积拆改的前提下，将这个年代感十足的老房，变成业主期待中的现代简约住宅。

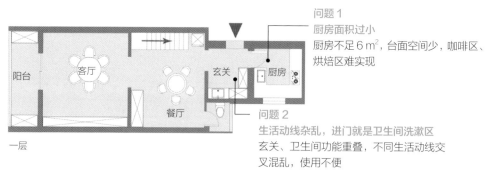

问题1
厨房面积过小
厨房不足6 m²，台面空间少，咖啡区、烘焙区难实现

问题2
生活动线杂乱，进门就是卫生间洗漱区
玄关、卫生间功能重叠，不同生活动线交叉混乱，使用不便

一层

二层

改造前

破解 1
原坐便区与餐区连通，新增西厨功能
在餐厅中拓展出西厨空间，连接卫浴下水，
增加洗手池，搭建咖啡区、烘焙区

破解 2
卫生间挪至进门位置，利
用隐形门巧妙隐藏杂乱
将原洗手池位置改为封闭
式卫生间，并新增玄关柜，
解决入户收纳问题

一层

改造后

二层

●巧用隐形门，让位于玄关的卫生间"隐形"

将原洗手池改为封闭式卫生间，左右两侧分别连接中厨、西厨和餐厅，卫生间做隐形门设计，与旁边的玄关柜巧妙融合，既解决了入户储物难题，在视觉上也更整体统一。

无门套、无把手的隐形门，
让卫生间的位置不尴尬

● 在餐厅叠加西厨功能，满足业主做咖啡、烘焙等需求

原卫生间与餐厅打通，靠墙定制整排橱柜，搭建西厨烘焙区，西厨橱柜日常可作为餐边柜储物，也可作为中厨操作台的功能拓展，柜体无把手设计令整体感更强，高柜中间特意预留了微波炉的位置。

原卫生间的上下水能直接接入西厨，为减少对净高的影响，连接水槽管道时特意将下水路径预埋在橱柜转角位置，地面抬高的高度刚好能与烤箱散热口一致，不影响整体美观。

原卫生间与餐厅打通，做西厨区

加高地台，与烤箱散热口高度一致，隐藏下水管道

整排橱柜兼作西厨区，日常可作为餐边柜

中西分厨的布局设计，让原本不足 6 m² 的中厨释放出更多可利用空间，塞下冰箱。合理的橱柜布局设计让业主入住至今仍能保持井井有条，不见一丝凌乱的景象。

案例

06

巧用柜体，挤出西厨、餐厅和独立玄关空间

使用面积：80 m²
原始格局：3室1厅1厨1卫
改造后格局：2室1厅2厨1卫
居住人数：2人

　　业主是一对"90后"年轻夫妇，热爱烹饪美食，常需居家办公，所以改造时，拆除了其中一间卧室，扩增客厅的使用面积和功能，并将工作区和西厨融入其中。同时，通过格局重组，有效提升了玄关的使用体验感。

改造前

问题 1
入户区过小，玄关功能缺失
入户区储物空间较少，入户鞋包收纳空间不足，容易造成杂物侵占空间的情况

问题 2
不合理改造，导致客餐厅面积极小
房子之前主要用于出租，两居室硬是被隔成了三居室，客餐厅挤在一起，厨房小得放不下冰箱

改造后

破解 1
还原两居室格局，客厅变为多功能空间

拆除一间卧室，调整为两室一厅的格局，客厅新增办公区、餐厅区和西厨区

破解 2
原客餐区改为西厨区，巧用柜体重构入户格局

将原客餐区改为西厨，并新增柜体将西厨与玄关隔开，柜体面向玄关一侧可用来收纳衣物，拓展入户储物空间。同时借玄关面积放置厨房冰箱：一墙两用，一面做鞋柜，一面在厨房内嵌冰箱

●新增西厨用餐区，利用柜体完善入户功能

设计师将客厅恢复成原来的样子，进门的位置则被改为餐厅兼西厨区，同时利用柜体将餐厅区与玄关隔开，柜体面向玄关可用来收纳衣物及杂物。

餐厅区墙面以灰泥材料做装饰，奠定了浅灰色作为空间主色调的基础。灰泥这种自带肌理感的墙面材料，常给人原始、质朴之感，用于塑造雅致、宁静的用餐氛围。吊顶的软膜天花取代了传统吊灯，为西厨用餐区引入更贴近自然的光线，制造出了明亮的视觉效果。

双面柜体将玄关与餐厅隔开，用于收纳杂物等

软膜天花营造自然光线照射氛围

●中西分厨，下厨动线更合理

餐厅区靠墙位置定制橱柜且新增西厨功能，五金、洁具都使用简洁款式，勾勒整齐一致的空间感。在吊柜柜门的玻璃上贴一层磨砂贴纸，巧妙遮蔽柜内杂乱。橱柜也可以作为餐边柜及水吧台使用，水槽方便涮洗杯具。

餐桌延伸至玄关柜，桌面以仿石纹爱格板代替石材，既节省装修预算，又不会在触感上给人以冰冷的感觉。

中厨内，巧借玄关面积塞下冰箱，嵌入式设计更省空间。橱柜依据下厨动线进行布局，灶化板上内嵌风扇，即使在炎热的夏天做饭，业主也不会热到满头大汗，提升烹饪的舒适度。

厨房地柜设计不同高度的抽屉，收纳碗筷、锅具等用品，提升使用的便捷性

状况 03　卫生间过小，空间局促不够用

解决方案：微调布局，制造三区或两区分离卫生间

　　卫生间几乎是住宅内面积最小的空间，尤其是老房子。在传统观念里，这个空间是隐秘狭小的，只需解决最基础的生理需求。而对于现代人来说，卫生间与其他空间的界限正在逐渐变得模糊，卫生间同样也可以是令人放松身心的居家场所，需要兼备功能与美观。

案例

07

洗漱台外移，实现干湿分离

使用面积：34 m²
原始格局：1室1厅1厨1卫
改造后格局：1室1厅1厨1卫
居住人数：2人

　　这是建于 20 世纪 90 年代的老式住宅楼，户型方正且朝南，室内光线非常好，但也有着"老破小"的通病，如面积小、管道多，且功能和收纳都不够完善。业主是一对年轻夫妻，对生活品质和房子的最终"颜值"有着较高的要求。虽然这只是他们的过渡房，但他们也秉持着"绝不将就"的态度，希望能够改造成理想中的家。

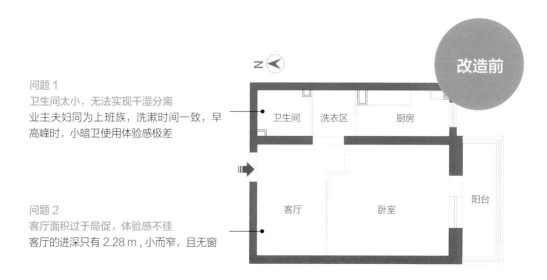

问题 1
卫生间太小，无法实现干湿分离
业主夫妇同为上班族，洗漱时间一致，早高峰时，小暗卫使用体验感极差

问题 2
客厅面积过于局促，体验感不佳
客厅的进深只有 2.28 m，小而窄，且无窗

改造前

卫生间　洗衣区　厨房

客厅　　卧室　　阳台

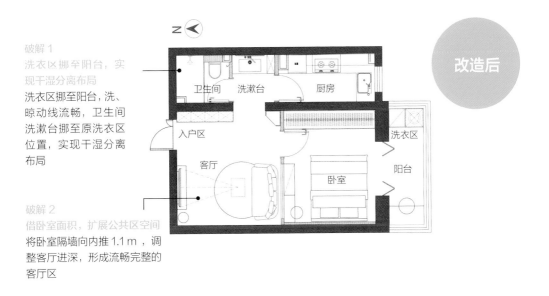

破解 1
洗衣区挪至阳台，实现干湿分离布局
洗衣区挪至阳台，洗、晾动线流畅，卫生间洗漱台挪至原洗衣区位置，实现干湿分离布局

破解 2
借卧室面积，扩展公共区空间
将卧室隔墙向内推 1.1 m，调整客厅进深，形成流畅完整的客厅区

改造后

● 卧室隔墙内推，以玻璃砖代替墙体，增强采光

将卧室隔断墙后移拓展客厅空间，一方面，看电视的视距一下从 1.8 m 延长到 2.7～3 m，顺势将卧室门洞位置向右边偏移 65 cm，在卧室门后空间定制整面衣柜，解决小卧室储物难题；另一方面又能改善从客厅进入厨卫的动线，行动路径更加流畅。

使用玻璃砖，增强客厅内的采光　　　　　压缩卧室空间，在门后定制整面墙的衣柜

卧室门洞移位后，释放出来的角落
被改为客厅咖啡角落区

●洗漱台外移，实现干湿分离的科学布局

原卫生间盥洗、如厕都挤在
一个空间内，无窗、通风难使卫
生间常有潮湿、管道反味的情况。
为优化如厕体验，解决卫生间"早
高峰"的困扰，在布局的调整上，
将洗漱台挪至原洗衣区位置，卫
生间干区与客厅之间以拱形门洞
衔接。

定制柜子增加收纳空间，并隐藏管
道，整体美观

　　为了使功能区之间的过渡更和谐，通往厨卫的拱形门洞也刷了牛油果绿的颜色。业主养猫，所以在洗漱台下预留出空间放置猫沙盆。台面右侧设计了收纳柜，与台面左侧底下隐藏管道的柜子，以及一体式台盆，形成视觉上的平衡。

洗漱台底部预留出猫沙盆位置

　　洗漱台外移后，原卫生间用玻璃隔断围合出淋浴的湿区，挡水石和瓷砖都是统一的米色，中间的花洒区域选的瓷砖模仿马赛克效果，不沉闷，也不花哨，增添空间的质感。

案例

08
过道巧利用，三区分离更高效

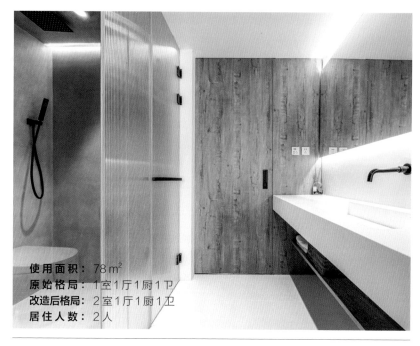

使用面积：78 m²
原始格局：1室1厅1厨1卫
改造后格局：2室1厅1厨1卫
居住人数：2人

　　业主本身就是一名建筑师，所以对此次改造的参与度极高。他将自身对空间格局的需求、家具喜好融入其中，通过拆除部分墙体，拓宽走廊宽度等，对卫生间和卧室的格局进行局部优化，借此将洗手池移至过道，同时增加了收纳功能。

问题 1
卫生间面积过小，收纳功能缺失
被夹在客厅与主卧之间的卫生间，因面积过小导致收纳空间不足，也无法做到干湿分离，暗卫因通风不足导致出现潮湿、反味等情况

问题 2
"手枪"户型的弊端是过道冗长且难利用
客厅到主卧的过道太长，利用率较低且采光不好

改造前

破解 2
过道再利用，变成储物空间
定制过道收纳柜，赋予过道
新功能

改造后

破解 1
洗漱干区外移
把洗手池移至过道，卫生间的进
深适度缩减，实现干湿三分离，
新增储物空间

● 洗漱干区外移，利用玻璃隔断实现干湿三分离

"手枪"户型的布局使主卧与公共区的过道采光差，且存在空间浪费的情况，原卫生间面积小且无窗，采光及收纳性都较差。改造后，把洗漱干区移至过道，卫生间的进深适度缩减，实现干湿三分离。

坐便区、淋浴间以长虹玻璃作为隔断，由自身通透性引入自然光线，有效解决光线暗的问题。天花板、地面与墙面都用了微水泥，通过减少勾缝的形式塑造出整体性。

洗漱台下面使用层板，采用陈列式收纳，干净整洁

　　玄关柜 90° 转折延伸至卫生间洗漱工区，嵌入悬空洗手台，自然地完成空间过渡。所有洁具管道都走墙排，通过隐藏式设计实现小空间干净利落的视觉感。洗手池下面用层板代替柜体，让整齐收纳的生活物品成为一种自然装饰。

●走廊一部分设计成主卧，定制过道柜增加储物空间

缩小走廊面积，重新规划卧室布局，隔出独立的衣帽间，"洗漱—换衣—进入卧室"的动线流畅，一气呵成。洗手池与主卧衣帽间以木质推拉门作隔断，保留卧室私密性。

案例

09

小户型的卫浴布局哲学，『一刀』切出衣帽间

使用面积：60 m²
原始格局：2室1厅1厨2卫
改造后格局：2室2厅1厨2卫
居住人数：3人

这是一套位于北京三环的 60 m² 公寓，原户型虽拥有两室双卫，但每个空间都十分局促，两间卧室的面积都不足 10 m²，无法满足一家人的日常居住需求。设计师从实际生活出发，重新审视空间，在保证原格局的前提上，挤出可观的储物空间，以便于这个三口之家能够从容应对未来 5 年内的变化。

问题 1
卫生间面积匹配不当导致功能不合理
卫生间面积相对较大，导致卧室的使用面积被压缩，小到只能放下一张床

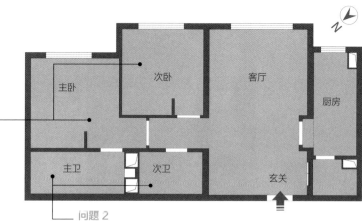

改造前

问题 2
相比大卫生间，业主更想要一个独立衣帽间
双卫浴的面积占比不合理，导致空间浪费，无法满足业主现有的居住需求

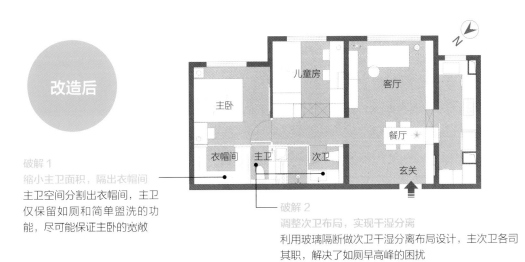

改造后

破解 1
缩小主卫面积，隔出衣帽间
主卫空间分割出衣帽间，主卫
仅保留如厕和简单盥洗的功
能，尽可能保证主卧的宽敞

破解 2
调整次卫布局，实现干湿分离
利用玻璃隔断做次卫干湿分离布局设计，主次卫各司
其职，解决了如厕早高峰的困扰

● 重新分配空间面积，隔出步入式衣帽间

原户型虽有两个独立卫生间，但面积不匹配，导致空间浪费严重。设计师重新分配卫生
间的面积，将面积更大但使用频率更低的主卫切分出一部分面积作储物空间，实现了女主人
想要的步入式衣帽间的心愿。

L形衣柜布局将可使用储物空间最大化，主卫则仅保留盥洗和如厕的基础功能，洗手池、
窄台面、置物架和入墙式坐便器的布局紧凑，功能完善。所有洁具都采用离地上墙的设计形式，
方便日常清洁打理地面。

●利用玻璃隔断，实现次卫干湿分离，提升如厕幸福感

次卫虽面积不大，但依然用玻璃隔断做了干湿分离的处理。洗手池的排水管道采用墙排方式，一眼看过去台面干净整洁，台下盆日常清洁更方便，墙、地砖用大块水磨石瓷砖通铺，浅色让暗卫稍显明亮，吊顶上的传感器正对着门，人进入时灯会自动亮起。

独立淋浴间的入墙花洒，能将喷淋管隐藏起来，长条地漏又美观排水面积又大，能加快积水排出，解决无窗小暗卫的潮湿问题，时刻保持地面干燥。

长条地漏能加大排水面积，有效解决卫生间的潮湿问题

将坐便器旁的浴室柜设计成开放格，方便放置卫生用品

状况04 家庭成员增加，房子不够住

解决方案：在厨房和餐厅里"偷"面积

　　"房子不够住"其实是"80、90后"普遍会面临的问题，很多人工作忙、压力大，不得不请父母来帮忙带孩子。三代同堂本是好事，可随着家庭成员的不断增加，家慢慢变得拥挤不堪，一线城市换房成本大，格局优化能否改善居住环境？

10

餐厅改卧室，
两室变三室

使用面积：83 m²
原始格局：2室2厅1厨2卫
改造后格局：3室1厅1厨2卫
居住人数：5人

这是一套位于北京市海淀区的学区房，居住的是一个五口之家，三代同堂，一对夫妻、一个5岁的孩子和两位老人。业主对改造有着很明确的要求，至少需要3间卧室，每间卧室功能独立，同时还要有充足的储物空间，以满足未来生活用品不断增加的需求。

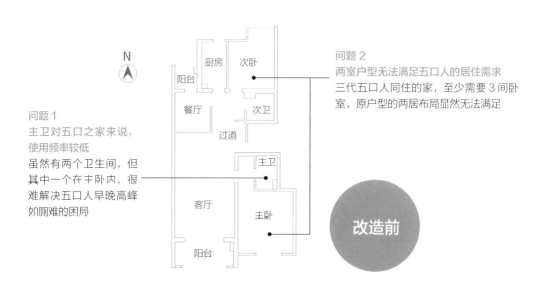

问题 2
两室户型无法满足五口人的居住需求
三代五口人同住的家，至少需要3间卧室，原户型的两居布局显然无法满足

问题 1
主卫对五口之家来说，使用频率较低
虽然有两个卫生间，但其中一个在主卧内，很难解决五口人早晚高峰如厕难的困局

改造前

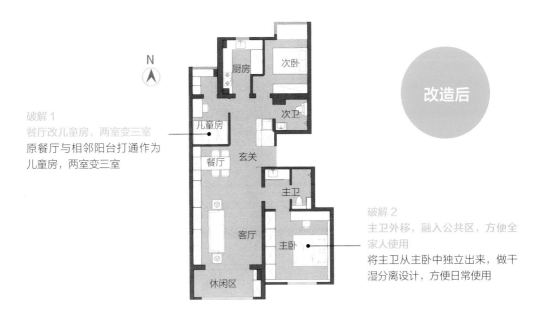

破解 1
餐厅改儿童房，两室变三室
原餐厅与相邻阳台打通作为
儿童房，两室变三室

改造后

破解 2
主卫外移，融入公共区，方便全
家人使用
将主卫从主卧中独立出来，做干
湿分离设计，方便日常使用

●客餐厅合并，原餐厅改为独立儿童房

原餐厅是独立小隔间，连接一个小阳台，为满足业主一家的基础居住需求，设计师将原餐厅墙体向南位移，增大面积改为儿童房，同时也使这面墙与玄关柜平齐在同一条直线上。用餐区则与客厅合并，用餐环境得以提升。

儿童房内的玻璃窗是改造的点睛之笔，能将客厅的光线引进来且不影响儿童房的隐私，窗户也承载了视野交互的作用，是公共和私密之间模糊的界限，打破了儿童房和其他空间彼此独立的状态。小朋友在房间内抬头就能看到客厅里的家人，无形中拉近了家人间的距离。

● 儿童房与相邻小阳台打通，为室内引光

　　为改善儿童房的通风问题，将其与相邻小阳台打通，同时衣柜也放置在阳台。改造后，儿童房有完善的储物功能区和学习区，长期居住也舒适。

　　阳台与睡眠区以拱形门洞自然过渡，保留大的采光面。为了区别其他两间卧室，儿童房分色刷墙，增添活力与趣味性。考虑到目前小朋友年纪还小，主要跟父母一起睡，所以部分功能并未完善，床边预留了学习桌的位置，方便业主日后添加。

成长型儿童房，床边预留学习桌的位置

将闲置阳台改为儿童房收纳区

●在主卧新砌墙体，将主卫独立出来

把主卫和主卧分隔开，主卧的门不再直接向客厅打开，私密性更好，主卫不再仅属于主人的私密空间，也能方便其他家庭成员或客人使用。

改变主卧门的位置，设计师将主卫独立出来

11

大厨房一分为二，一室变两室

使用面积：46 m²
原始格局：1室1厅1厨1卫
改造后格局：2室1厅1厨1卫
居住人数：3人

　　女主人是自由职业者，大部分时间都处于居家状态，家既是居住空间也是办公场所；业主夫妇日常喜欢喝咖啡、红酒，爱看书和话剧，很注重生活品质。家里5岁的小朋友马上要到上小学的年纪，一间功能独立的儿童房是刚需，业主希望能打造一个收纳功能强大的简约风格之家。

问题 1
一居室三口人不够住
一家三口，至少需要
2间独立卧室

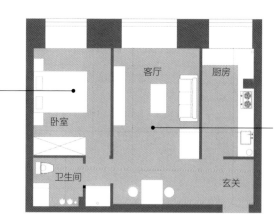

卧室　客厅　厨房

卫生间　玄关

问题 2
没餐厅，体验感不佳
一家人平时吃饭只能
挤在客厅的茶几上，
同时，业主下厨次数
较少，大厨房对这个
家庭并不合适

改造前

改造后

儿童房

客厅

卧室

餐厅

厨房

卫生间

玄关

N

破解 1
厨房隔出一部分改儿童房
厨房墙体向客厅方向移动 95 cm
拓宽面积，厨房靠里的部分改为
独立儿童房，一室变两室

破解 2
厨房做开放式，利用吧台餐桌设置独立用餐区
压缩厨房面积，拆掉墙体，做透
明玻璃推拉门，可随时切换封闭
式和开放两种状态，厨房外靠
墙定制宽 60 cm、长 1.2 m 的中
岛餐桌，新增独立用餐区

●开放式厨房，新增独立用餐区

　　缩小后的厨房变成开放式，设计师以铁艺结合钢化玻璃推拉门的方式做隔断，做饭时能
有效避免油烟和噪声，厨房采光也大大增加，敞亮明快。

●缩小厨房面积，隔出独立儿童房

原来的厨房又长又窄，空间利用率很低。在不影响客厅空间的情况下，设计师将厨房空间整体向客厅方向拓宽 95 cm，调整厨房整体的宽度，考虑到卧室的私密性，将靠里侧的面积让出来给儿童房，保证长久居住的舒适度。

墙体向客厅方向移动 95 cm, 扩大厨房及儿童房宽度

新增的儿童房面积是 6.5 m²，房间内还保留着原厨房的管道，为了美化空间，设计师用定制家具巧妙化解，使书桌和床头的收纳柜平齐，在视觉上看起来整齐连贯。小朋友喜欢蓝色，所以儿童房内也加入了他的喜好，设计师在床下预留了大量储存杂物的空间，以满足未来 10 ~ 15 年的居住需求。

雾化玻璃房门，利用遥控器可轻松调节成全透明、半透明和完全不透明三种模式，保证客厅通透感的同时，也能保护儿童房的隐私

管道藏于吊顶中，定制柜与管道吊顶齐平，并借用定制书桌拉平墙面

案例

12

巧用斜顶搭阁楼，原地新增一间房

使用面积：63 m²
原始格局：2室2厅1厨1卫
改造后格局：3室2厅1厨1卫
居住人数：4人

　　第一眼看到这个家，很难想象其实它只有 63 m²。这是位于顶层的两室一厅住宅，虽然净高最高处可达 4.86 m，但建筑结构存在硬伤问题。为解决两孩家庭的居住需求，设计师打造空中阁楼，为两个孩子争取到彼此独立的成长空间；同时改善因建筑结构带来的紧迫感，营造宽敞明亮、适合全家人共同使用的公共区域。

改造前

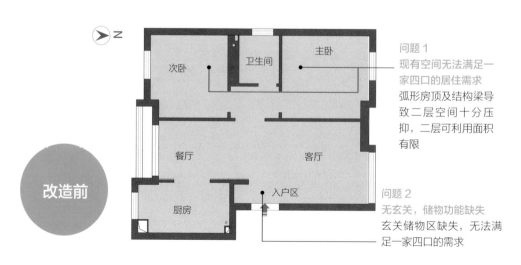

问题 1
现有空间无法满足一家四口的居住需求
弧形房顶及结构梁导致二层空间十分压抑，二层可利用面积有限

问题 2
无玄关，储物功能缺失
玄关储物区缺失，无法满足一家四口的需求

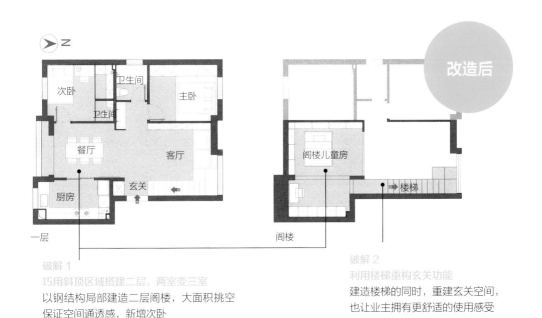

一层

阁楼

破解 1
巧用斜顶区域搭建二层，两室变三室
以钢结构局部建造二层阁楼，大面积挑空
保证空间通透感，新增次卧

破解 2
利用楼梯重构玄关功能
建造楼梯的同时，重建玄关空间，
也让业主拥有更舒适的使用感受

● 在斜顶区搭建二层空间，新增儿童房

设计师利用钢结构搭建出二层卧室，卧室做成了一个透明盒子的形式，除了增强空间的通透性，也增加了和其他空间的交互性，在房间内玩耍的孩子能随时与家人互动。245 cm×75 cm（宽×高）的落地窗使小阁楼拥有明亮采光，留了一扇小窗可以通风透气，铝包木材质，还具有隔声和保温效果。屋顶开洞的位置也很有趣，形成一种轻盈感，在一层看又像是开了天窗。原客厅的结构梁和阁楼空间融为一体，不再有明显的界限，一层公共空间的顶面也变得四方平整，在视觉上会更有安全感。

一层结构梁与阁楼
玻璃窗融为一体

钢结构搭建要点：受到净高限制，安装过程中要求各个尺寸都精确无误。承重的地方在两侧墙面，墙体内部用钢结构和轻体砖做加固，增加结构稳定性；楼板先用钢结构做支撑，再加瓦楞板，后用混凝土浇筑

儿童房内做足了空间的"留白"处理，这里也是设计师有意为之，方便业主日后根据小朋友的成长随时做出调整，满足不同年龄阶段的居住需求。

谷仓门安装要点：谷仓门主要靠上轨道支撑，悬挂的墙体必须是能够受力的，最好是承重墙，空心砖墙体不可以承重

　　兼具开放属性和私密性的阁楼儿童房，方便父母照看孩子，也让孩子拥有自己的小世界。因为净高的关系，用床垫取代成品床，靠墙一侧定制了收纳柜，上面是开放格，下面用上翻盖做隐藏式收纳，翻盖设计免去了床垫和柜体之间的距离。

● 利用楼梯，重建玄关功能

　　利用钢结构搭建出二层卧室后，连接上下两层的楼梯出于安全目的和视觉效果的考虑，把扶梯护栏做成玻璃，台阶采用脚感更舒适的实木。借用楼梯下方空间，重新规划玄关收纳区域，提升玄关利用率，同时利用凹墙结构嵌入洗衣机和烘干机，解决无阳台晾衣的难题。

2

动线
化零为整，靠动线优化
户型缺陷

状况 05　动线冗长，造成面积浪费

解决方案：整合常用功能区，形成流畅高效的生活动线

　　动线之于室内设计，不单单是简单的点与点之间因位移产生的连线，大到居住者进入室内的路线，小到室内各空间因布局不同、功能设定不同以及使用习惯不同而形成的一个个行动轨迹。流畅的家居动线，一定离不开居住者对日常生活的精细拆解，将高频使用的功能区整合串联而形成的流畅生活动线，不仅能解决交通距离过长、走道面积浪费等问题，科学的动线设计也能有效提升空间的实用性和趣味感。

13

布置点状功能区，『鸡肋』长走廊变高效家务区

使用面积：56 m²
原始格局：1室1厅1厨1卫
改造后格局：1室1厅1厨1卫
居住人数：1人

　　这是一套净高仅有 2.6 m 的 56 m² 小一居室，房子结构就像错位拼接的俄罗斯方块，上下模块与左右两个不同大小的"口"字形模块嵌套在一起，导致格局缺陷明显。面积、净高、采光都不理想，业主喜欢较厚重的居室色调，希望整体风格浓烈，有一些法式、复古的元素，对设计师而言，这无疑是一个非常大的挑战。

问题 2
进门即餐厅，缺乏储物空间
入户动线混乱，一进门客餐厅一览无余，入户区缺乏储物空间与隐私感

问题 1
过道闲置，空间浪费
房屋中间有一条长达 3.4 m、宽 1.2 m 的"鸡肋"长走廊，没有充分利用，白白浪费掉了

改造前

破解 1
利用双面柜划分独立玄关
进门处在靠墙位置增加双面柜，隔出玄关，解决入户收纳难题

破解 2
隔墙内推，过道内新增洗漱干区及家政间
改变卫生间门的方向，将原来的门洞位置拓宽，在过道内设计洗手台；同时减少厨房面积，隔出家政储物间，增加走廊沿途功能，也能让盥洗区与洗衣家政区串联，形成高效家务区

●新增双面柜，完善入户收纳功能

原户型无玄关，进门即餐厅。设计师在玄关设计了一个长 90 cm、进深 70 cm 的双面柜，新增玄关收纳功能。双面柜的正面收纳鞋子，背面收纳一些零碎的生活杂物和包包，侧面定制装饰壁炉，作为餐厅区的背景墙，起到重要的装饰作用。

●隔墙内推，将洗漱干区和家政间挪至过道

　　面对室内这条长 3.4 m、宽 1.2 m 的"鸡肋"长走廊，如何通过动线提升空间的利用率？设计师的改造重点"从拆到筑"，通过适当缩减厨房面积来拓宽过道，并在其中置入家政间，通过盥洗区与家政间的串联形成高效生活动线，提升做家务的效率，厨房也因此形成一个更方便使用的规整方形空间。入户动线是"进门—挂衣—换鞋—洗手"，家务动线是"脏衣清洗—烘干—收入主卧衣柜"，两条动线一气呵成，通过动线调整也消除了走廊两边墙体的棱角，使得空间立面更加平整。

　　走廊内的盥洗区是原卫生间的入口，更改入口位置后，设计师将原来的门洞拓宽，刚好能够塞下洗手台，实现卫生间的三分离设计。凹墙结构方便设置嵌入柜和壁龛置物架，便于补充收纳空间。

走廊设计成家政储物间，定制柜子收纳

在凹墙中内嵌洗手台，增加收纳空间

●拓宽主卧门洞，为过道引入光线

为解决长走廊采光差的问题，设计师适当拓宽了主卧门洞，改成进光面更大的双开门，尽可能扩大走廊的自然采光面，主卧两扇门之间对称安装壁灯，通过人造光源为夜晚的走廊补光。

壁灯不仅能补充光源，还能作为空间中的装饰品

14

创建双洄游动线，小房子也能住出开阔感

：46 m²
：1室1厅1厨1卫
：1室1厅1厨1卫＋衣帽间
：1人

极小化住宅多与"杂乱、拥堵不堪、狭小憋屈"等词汇挂钩。而这套一居室住宅改造后，却能居住舒适、功能饱满，在有限面积内满足业主自在、得体的生活需求。设计师尽可能将空间打开，弱化房间界限，从酒店经典的双动线设计中得来灵感，为房屋置入酒店套房式洄游动线，将所有功能区均纳入整个洄游动线中，各空间紧密串联。

问题 1
玄关无储物功能，卫生间无采光
入户区与客厅直通，储物功能缺失，难以增加收纳空间。卫生间为暗区，动线相对单一，使用体验感极差

改造前

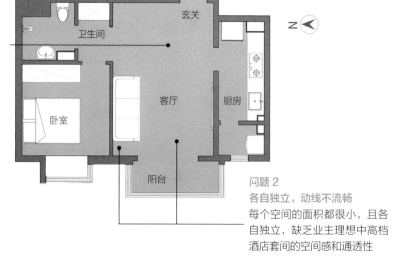

问题 2
各自独立，动线不流畅
每个空间的面积都很小，且各自独立，缺乏业主理想中高档酒店套间的空间感和通透性

改造后

破解 1
重新规划动线，增设衣帽间等功能模块

通过新砌墙体重新规划入户动线，增设玄关功能组合模块，并与玄关、卧室、客厅串联，形成双洄游动线，增强使用体验感

破解 2
拆除隔墙，打造洄游动线

拆除部分非承重墙体，利用卧室与客厅之间的隔墙做双出口设计，由此形成一个串联各空间的洄游动线，增强整体的通透感

●重新规划布局，优化换衣、洗衣动线

设计师重新整合玄关功能和卫生间布局，在门口新增了一个集衣帽储物间、洗衣房、卫生间干区于一体的多功能空间，业主每次回家进行换鞋，然后直接进入衣帽间换家居服，衣帽间融入了洗衣和盥洗功能，通过动线优化有效提升入户体验。

●改变卫生间门的方向，为暗卫引入自然光

业主对明卫的需求很高，无奈原卫生间仅 3 m²，为改善如厕体验，设计师在前期动线规划时，将卫生间与入户空间整合，以双开门设计优化入户动线。卫生间一个门开在紧邻入户的公共区，另一个门则开在卧室内，正对西向采光窗，门上贴渐变玻璃膜保证隐私性，中间不透、上下透明，在阳光最好的时候能够直射进来，白天就算不开灯依然有亮光。

●矮墙做隔断，以洄游动线提升空间通透感

卧室和客厅之间改为矮墙作为房间分隔，矮墙面向客厅的一面可作电视墙，另一面则作为卧室的书柜与抽屉柜。考虑到卧室的功能性，设计师在中间还隐藏了两扇渐变磨砂玻璃滑门，平时完全打开，左右出入口形成串联卧室与客厅的洄游动线，采光、通风均得到明显提升。

电视墙左右两侧形成洄游动线，串联起客厅和主卧，同时也为室内引入光线

串视墙背面为书柜，以磨砂玻璃推拉门分隔空间，顶部预留空隙，暗藏灯带，减少压抑感，使房间更通透

状况 06　缺角异型房，动线不流畅

解决方案：利用定制柜整合功能区，用较短动线实现空间的高能效

　　斜角房、异型房等不方正户型，在老房改造中十分常见，不规整的空间往往有利用率低、动线迂回曲折、采光差等户型硬伤问题。因为墙体不规整导致很多边角空间无法被充分利用，市面上的大多数成品家具也很难适应异型空间，而定制家具不仅能做出成品家具难以实现的效果，设计得当，还能通过严丝合缝的柜体设计将空间"拉直"，解决异型空间斜墙、多角等问题。

案例

15

置入『飞机柜』，
捋直动线，优化储物功能

使用面积：43 m²
原始格局：1室1厅1厨1卫
改造后格局：1室1厅1厨1卫
居住人数：1人

原户型中有一道 Y 形隔断，导致室内每个房间都很小，且大多为异型空间，客厅中还立着一根煤气管道。拆除隔断后异型的缺陷也会被无限放大。因此创造连续的墙面，适当增加"有效隔断"，比一味打通空间要更合适，一来能够消除异型带来的不适感，二来利用"隔断"完善功能区，也能重新构筑空间的体验感。

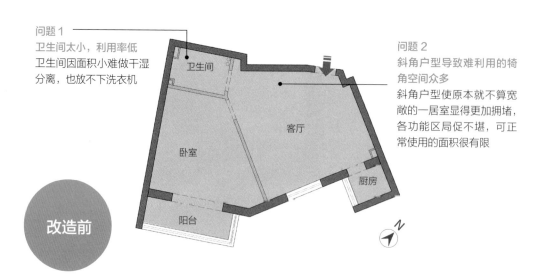

问题1
卫生间太小，利用率低
卫生间因面积小难做干湿分离，也放不下洗衣机

问题2
斜角户型导致难利用的犄角空间众多
斜角户型使原本就不算宽敞的一居室显得更加拥堵，各功能区局促不堪，可正常使用的面积很有限

卫生间

客厅

卧室

厨房

阳台

改造前

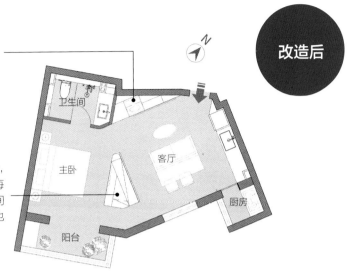

破解 1
利用三角柜拉直空间
利用进门处的斜墙定制三角柜，
补充入户收纳空间，同时可放置
滚筒式洗衣机和烘干机

破解 2
置入多面柜，打造高效洄游动线
以"飞机"形多面组合柜代替实墙，
作为客、卧之间的隔断，柜体每
一面与毗邻的墙体平行，使空间
变方正的同时，两侧过道间距也
变得规整宽敞

●新增"飞机柜"捋直空间，串联高效洄游动线

设计师在客、卧之间以多面柜代替隔墙，捋直空间的同时，还能优化功能动线和增加收纳容量，柜子的每个面都大有用途。因为柜子刚好位于房屋中间，四周形成洄游动线，两侧门洞全敞开时，视线得以穿透，空间进深变长，在视觉上也有放大空间的效果。

多面柜在客厅、卧室之间串联起高效洄游动线

　　"飞机柜"多面可用，面向主卧的一面作为电视墙使用；面向走廊的这面柜子设计成文件柜，业主收藏的邮票及办公文件都收纳在这里；面向客厅的立面则可作为书架与杂物柜，柜深 40 cm。一门两用，两侧的门既是主卧的房门，也是书架柜门。沙发背后设置工作台，可随时切换办公功能，对面暗装电动幕布。客厅围绕沙发也形成了一个小型的洞游动线。

●定制三角柜，"鸡肋"斜角变家政区兼储物区

进门原右手边的异型墙体与卫生间生成一个犄角，为了改善这种不规则感，设计师将原 Y 形隔断墙拆除，并将卫生间门改到主卧，通过定制一整面三角柜拉平墙面，让客厅变规整。三角柜内分为三个部分，右侧部分靠近入户门，进深 40 cm 有余，作为鞋柜；中间部分进深约 60 cm，刚好能塞下滚筒式洗衣机和烘干机，上下叠放，洗完衣服，敞开柜门散掉水汽，不怕潮湿；余下部分为杂物区，藏下家政工具。三角柜根据功能依次排列，满足入户清洁问题的需求，也形成了一条高效的生活动线。

定制柜外立面平整，但柜体内部进深不同，能满足多种的收纳需求

利用垂直空间，将洗衣机、烘干机叠放，增加收纳空间

16

舍弃洄游动线，实现异型空间容量最大化

使用面积：45 m²
原始格局：1室2厅1厨1卫
改造后格局：2室1厅1厨1卫
居住人数：5人

　　业主是一对夫妇，他们希望这套学区房既满足空间功能的最大化利用，又能给孩子一个兼顾玩耍和学习的成长环境。无奈狭长的"手枪"户型，在"枪柄"位置的厨卫还是异型空间，让本就不富余的 45 m² 空间更是雪上加霜。与常规家庭有所区别，这个家庭的诉求特别有指向性，不需要待客，一切设计都是为了方便孩子使用。

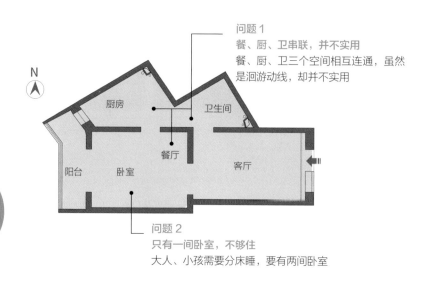

问题 1
餐、厨、卫串联，并不实用
餐、厨、卫三个空间相互连通，虽然是洄游动线，却并不实用

改造前

问题 2
只有一间卧室，不够住
大人、小孩需要分床睡，要有两间卧室

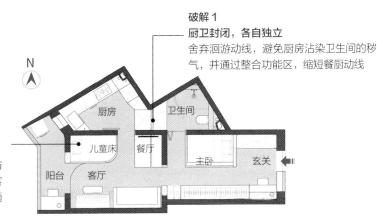

破解 1
厨卫封闭，各自独立
舍弃洄游动线，避免厨房沾染卫生间的秽气，并通过整合功能区，缩短餐厨动线

破解 2
将卧室与其他空间相融，在客厅内新增卧室
舍弃独立卧室，使卧室与其他功能空间相融合，客厅内新增儿童房，实现两间卧室的需求

●厨房与卫生间各自独立，缩短餐厨动线

　　小户型的动线本来短，与其盲目追求洄游布局，不如考虑更实在的厨卫功能优化。设计师将原厨房与卫生间之间的门洞封起来，在厨房一侧塞下冰箱，利用定制柜掩饰了厨房异型与管道问题，除了能够嵌入蒸烤箱和微波炉之外，也起到了收纳杂物的作用；卫生间一侧则利用凹陷处嵌入洗手台。设计师把餐厅放在厨房的门口，大大缩短餐厨动线。在餐厅区以定制卡座代替传统餐椅，可储物，也能为餐厅区"减压"。

将管道隐藏在定制柜中，入口处做异型定制柜，使厨房动线规整，功能全面

17

靠定制柜拉直立面空间，提升空间利用率

使用面积：65 m²
原始格局：2室1厅1厨1卫
改造后格局：2室1厅1厨1卫1储物间
居住人数：2人

　　该户型的不规整空间主要集中在公共区，倾斜的墙体角度使人一进门便能感受到两侧墙体带来的压迫感，一个不规整的多角形客厅，没有合适的位置放沙发。不在同一个平面上的窗户导致采光面过大，室内光线过于强烈，拉低了整体的舒适感。玄关刚好位于墙面斜角处，可规划的收纳空间十分有限，设计师用墙柜串联起玄关和客厅，利用柜体弱化墙面斜角缺陷，而柜内储物空间的规划无形中也起到动线引导的作用。

问题 1
公共区为不规则斜角空间
公共区的不规整墙体导致普通成品沙发难以
适应客厅的不规整空间

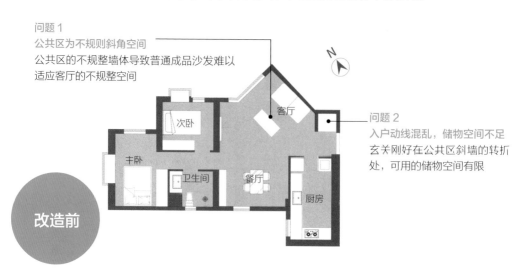

问题 2
入户动线混乱，储物空间不足
玄关刚好在公共区斜墙的转折
处，可用的储物空间有限

改造前

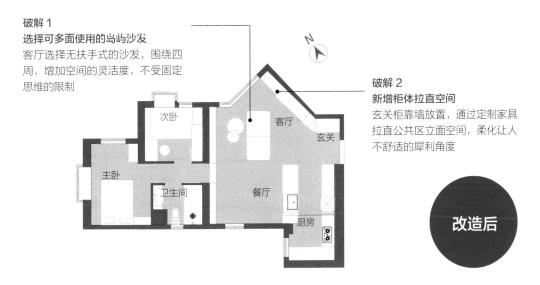

破解 1
选择可多面使用的岛屿沙发
客厅选择无扶手式的沙发，围绕四周，增加空间的灵活度，不受固定思维的限制

破解 2
新增柜体拉直空间
玄关柜靠墙放置，通过定制家具拉直公共区立面空间，柔化让人不舒适的犀利角度

改造后

●摆脱固定模式，客厅围绕沙发展开丰富的生活场景

考虑到户型的特殊性，客厅以可双向使用的岛屿式沙发代替传统沙发，放置于客厅中央。电视背景墙是定制的功能性书架。业主家书籍较多，考虑到承重问题，书架搁板之间的木条由钢条固定，外层用木管装饰达到视觉上的统一性。书架上方是磁吸轨道射灯，搁板装有隐形灯条，夜晚灯光开启，一家人闲坐，此时就连静默都饱含温暖。

●利用定制柜，拉直空间斜角

原入户区两侧都是墙体，拆除墙体后，设计师通过定制柜体来弱化异型墙面的存在感，柜子连接玄关、客厅两个功能空间，拐角处做了开放格设计，增添了多元化的功能性。鞋柜下预留拖鞋收纳区，进门后"随手放下钥匙—换鞋—放包—挂衣"动线流畅。柜门统一做隐形把手设计，门板里面装反弹器，轻轻一按就能打开，在视觉上干净利落。

设计师在柜体与窗户的衔接处，做成了业主的临时工作区。为了减少多面窗户带来的阳光直射，拐角处的窗帘起到很大的作用，三层夹胶玻璃窗也能有效减少临街的噪声。

定制柜拉平斜角墙体，增加储物空间

靠窗设计办公区，满足女主人居家办公的需求

状况 07　门多、墙面杂乱，视觉上不够清爽

解决方案：将隐形门"伪装"成墙面，让家的"颜值"翻倍

　　重复冗长的动线往往对应的是不合理的功能布局，以及多门洞的空间设计。多门洞对大房子来说可能意味着趣味性，但对小户型来说却不见得是好事，零散的入口很容易将本就不宽敞的空间切割细碎，使空间缺乏完整性。通过对室内门洞入口位置的设计调整，实现动线的效率优化，在美化居住空间的同时，也能使居住者的使用体验感得到提升，甚至还能巧妙化解室内设计心理学难题。

18

卫生间正对入户门，用隐形门就能轻松化解

使用面积：45 m²
原始格局：3室1厨1卫
改造后格局：1室2厅1厨1卫
居住人数：2人

　　"老破小"大多数没有独立玄关。原玄关一侧为墙体，另一侧是厨房门，没有合适的地方可以收纳鞋包、衣物。设计师借用餐厨区的纵向面积来增加玄关面积，拆除不必要的隔墙，以顶天立地的高柜和隐形门替代墙体，将原本被浪费的垂直空间变成了功能性超强的收纳区，闲置的过道长走廊也因此得以"咸鱼翻身"。同时，在卫生间做隐形门让入口"隐"于墙面，有效改善了入户门正对卫生间的尴尬问题。

问题1
卫生间正对入户大门
卫生间面积仅有2m²，面积过小，且正对入户大门

次卧　　卫生间　　主卧　　阳台

小次卧

问题2
玄关过于狭长，缺乏储物空间
玄关储物功能缺失，走廊长期闲置，空间浪费

厨房

N

改造前

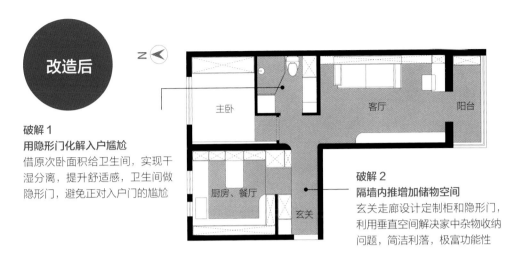

改造后

N

破解 1
用隐形门化解入户尴尬
借原次卧面积给卫生间，实现干湿分离，提升舒适感，卫生间做隐形门，避免正对入户门的尴尬

主卧

客厅

阳台

厨房、餐厅

玄关

破解 2
隔墙内推增加储物空间
玄关走廊设计定制柜和隐形门，利用垂直空间解决家中杂物收纳问题，简洁利落，极富功能性

●巧用隐形门，化解入户门正对卫生间的尴尬

走廊尽头正对卫生间门，设计师利用隐形门巧妙化解布局缺陷问题。卫生间改造前只有 2 m^2，借用部分卧室面积后增至 4.56 m^2，并用钻石形淋浴房实现了干湿分离。砌筑式洗漱台搭配美弧砖，一体化装饰美观又实用。不同于四角尖锐的平面瓷砖，美弧砖的圆角边和瓷砖主体一体成型，台面角落位置也能完美贴合。

案例

19

在电视墙上做隐形门，保证墙面完整

使用面积：45 m²
原始格局：1室1厅1厨1卫
改造后格局：1室1厅1厨1卫
居住人数：2人

业主两人有很多共同的爱好，运动、看书、看剧、做料理……喜欢极简的居家风格，对生活物品的挑选讲究而细腻。因为厨房的使用频率较高，两人希望厨房能够功能齐全、使用方便，同时拥有强大的收纳空间，居住环境能长久保持干净整齐。原户型虽然有大落地窗，但是自然采光并不理想，且封闭式的厨房光线昏暗，空间更显局促。

问题1
暗厨，不规整空间利用率低
厨房小且采光极差，不规整空间导致整体利用率不高

改造前

问题2
卧室门正对卫生间，面向入户门，缺乏隐私感
原卧室的门正对卫生间，面向入户大门的方向，这样的动线设计会对生活造成不便，且动、静分区不合理，客厅的活动对卧室影响较大，去卫生间必定会经过卧室

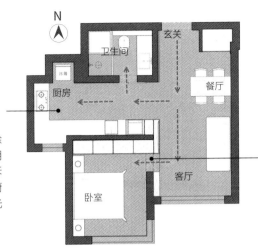

破解 1
厨房做半开放式设计
厨房设计成半开放式，拆除厨房的门和墙，获得了更明亮通透的视觉效果。同时拆除里面多余的墙体，提升厨房的空间利用率，改善采光问题

破解 2
改变卧室门洞朝向，动静分区
将卧室门的位置改为从客厅进入，以"多功能柜体+隐形门"的形式，保证电视墙的完整性，拓展储物空间

●打开厨房，与公共区串联，拓展使用面积

　　将厨房打开做半开放式，橱柜台面使用面积明显增加，同时嵌入洗衣机和烘干机。考虑到木地板本身的防水功能差，又为了整体的通透性，厨房与客厅、卧室统一选择了仿木纹的地砖。橱柜的颜色和墙面接近，灰黑色的台面又不会让整个厨房显得太过单调。吊柜和台面之间的一面墙用的是手工砖，与其他墙面做明显区分。

●巧用隐形推拉门，改电视墙

　　将卧室入口改到从客厅进入，简化生活动线。为保证电视墙的完整性，卧室门做隐形推拉设计，与书柜、电视柜相结合，既能让业主的藏书有收纳位置，也方便阅读书籍，空间使用更灵活。当卧室的轨道门拉开时，书架就隐藏在了门后面，与电视柜融为一体，在电视机上方也留出收纳空间，方便收纳杂物，保持客厅区域的整洁。

　　走进卧室，一整面墙都做了通顶收纳柜用来放置衣物。整面墙的收纳柜在视觉和实用性上都起到了重要作用，纹理细腻的原木色配黑色圆柱把手，细节处体现了富有设计感的生活美学。

预留开放式储物区，代替床头柜，节省空间

状况 08 风道、煤气管道位置改不了，如何优化动线？

解决方案：装饰伪装，融入室内环境

老房改造的"硬骨头"非管道莫属，尤其像房龄在 20 年以上的住宅，暖气、下水管道大多还保留着老式铸铁管从一层直通楼顶的主管结构，根本无法随意改动，室内管道排布杂乱无章也是"老公房"的通病，老管道大多还会有破损、被腐蚀等问题。所以在老房改造中，处理好旧管道与新空间的关系，不仅仅是对室内环境的优化，更是在帮助新的居住者排除安全隐患。

案例

20

用红色罗马柱包立管，上下水主管道变餐厨点睛装饰

使用面积：80 m²
原始格局：2室1厅1厨1卫
改造后格局：2室2厅1厨1卫
居住人数：2人

原户型是两居室布局，除了外墙、两个阳台的墙垛为承重结构，其余墙体均为非承重墙。虽是两居室，但由于业主的衣物、摄影器材较多，有一间卧室被改成衣帽间和小仓库。男业主平时睡在客厅，这次改造不仅要满足业主分房睡的诉求，还要为两人创造一些互动空间。

问题 1
公共区缺乏互动性
客厅与厨房之间相互独立，缺乏互动

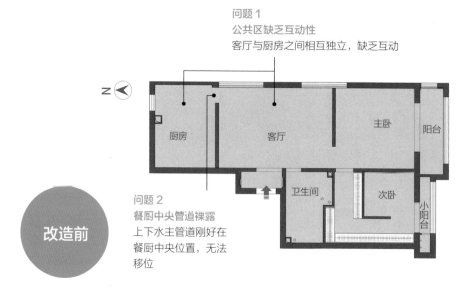

改造前

问题 2
餐厨中央管道裸露
上下水主管道刚好在
餐厨中央位置，无法
移位

改造后

破解1
新增次卧睡眠仓，解决分房睡的问题
餐厨区串联后，客厅面积增大。在客厅设计次卧，作为男主人的睡眠仓，做半开放式设计

破解2
餐厨打通串联，用装饰性罗马柱隐藏管道
将原客厅改成餐厅，打通厨房，餐厨开放式一体，增强互动性。将上下水主管道修饰成罗马柱，巧妙融入空间

● 包立管隐藏管道，美化空间

餐厨空间连通，增强互动性。拆除墙体时，设计师发现空间正中央有一根连接上下楼的下水主管道，无法拆除，不如借势做成红色罗马柱，将管道用红色砖包裹，与厨房的小花砖的颜色相呼应，将缺陷转化为空间中的重要装饰。

厨房管道用红色小花砖包裹，做成装饰罗马柱

● 餐厨打通串联，增强互动性

客厅与餐厨由一条长走廊连通，彩绘玻璃砖墙增加了长廊的装饰性，使得空间极富变化。餐厨区整体色调围绕着红、黄、蓝三原色，红色、蓝色偏深，用黄色提亮，整个空间不至于昏暗。餐厅区的罗马帘布料介于帆布与亚麻之间，虚掩下能透出舒服的光晕。考虑到两位业主都非常喜欢看电视，所以在客厅和餐厅都装了电视机。

厨房在美观的基础上，也考虑了业主的身高，适度抬高灶台台面，L形的橱柜依据"清洗—备菜—炒菜"的下厨动线依次排列布局，高效便捷。

●客厅置入次卧睡眠仓，满足分床睡的居住需求

　　男主人的睡眠空间刚好位于客厅与餐厅之间，面向客厅一侧做半开放式设计，方便日常看电视，另一侧则以彩绘玻璃砖墙代替墙体，借此增强睡眠仓与各空间的连续性与亲密感。

使用面积：88 m²
原始格局：2室2厅1厨1卫
改造后格局：2室2厅1厨1卫
居住人数：1人

案例

21

PVC排水管做立柱藏烟道，空间个性鲜明

　　业主是一位时尚年轻的陈列师，父母偶尔过来小住，一人独居希望整个空间既能通透明亮，又独一无二。设计师将法式的优雅、后现代的摩登和一点点中古风和谐混搭在一起。玄关、客厅、厨房、餐厅采用一体化布局，用弧形设计串联整体，从玄关柜到卫生间的墙面、乃至阳台和走廊的拱形门洞、开放式厨房中的罗马柱、卧室阳台，都让空间拥有了鲜明的个性。

改造前

问题1
一字形厨房，可利用的空间较少
　一字形厨房面积相对来说较小，空间利用率不高，容易显得拥挤

问题2
烟道位于房屋中央位置
　无法移位的烟道刚好位于房屋的正中央，想要实现业主想要的开放式厨房，烟道难隐藏

改造后

阳台

厨房 客厅

主卧

餐厅

次卧 卫生间

破解 1
拆除隔墙，厨房做开放式
将封闭式厨房改为开放式，
加设岛台，实现收纳、隔
断等多种功能

破解 2
烟道藏于立柱中，动线流畅
烟道位于公共区，将其围绕
做成法式立柱，不影响动线，
个性突出

● 新建法式立柱藏烟道，美化空间

整个公共空间最"吸睛"的要数厨房的罗马柱设计了。在拆除墙体的时候，设计师发现这里暗藏烟道（一般都是在窗户旁边），于是借势做了一个法式罗马柱。通常罗马柱的柱头直径约为 25 cm，但是受烟道直径影响，罗马柱的直径要做到 35 cm，必须重新开模。为了节省费用，设计师另辟蹊径，先用红砖和水泥砂浆把烟道的四角包裹起来，再用专用 PVC 排水管做立柱，包出罗马柱的形状之后，用细木工板切成 2 cm 宽的窄条，固定在排水管上，最后抹腻子刷漆。

●开放式厨房，有效提升公共区通透性

　　打通原厨房的隔墙之后，主要活动的公共区域扩大，提升了通透感和互动性，借用厨房的光线，使更多阳光可以倾洒室内，解决了原来采光不佳的问题，整体看起来比实际 2.55 m 的净高还要高挑。沙发后面利用过道设计中岛，岛台下方可储物，台面可作为备菜区使用，下厨时还可以看看电视，来客人时边做饭边聊天；岛台与墙体之间设计的柜子，是用来隐藏老旧管道的，起到美化空间的作用。

　　厨房沿用了玄关的黑色柜体的配色设计，用色块划分区域的同时，也创造内部空间的视觉重点。区别在于柜门设计更具有装饰效果，使视觉更加立体，也增添了一分温柔与优雅。为了保持视觉的整体性，厨房的大型电器都做了内嵌式设计。

以简约的石膏线造型做天花板装饰，与白色踢脚线相呼应

弧形墙体可双面储物，美观与实用兼顾

3

采光
打开空间，
小黑屋也能轻松"逆袭"

状况 09 ┃ 进深过长，室内中部无采光

解决方案：优化格局引光入室，人工辅助补光

　　老小区的住宅因楼间距过近、楼层过低、朝向或户型等因素，常会导致室内采光、通风不佳，尤其使用面积本就狭小的空间，采光不足犹如雪上加霜，所以在设计过程中也会格外保护光源，毕竟谁也不想拥有一个进门就顿感阴暗、压抑的家。这种类型的老房改造方法是通过格局优化、公私区域重新规划来改善，利用开放式设计使多个功能区能够共享光源，但如若碰到因承重结构无法改动的情况，也可尝试通过运用玻璃等透光材质，将自然光线从相邻空间的窗口"借"过来。当然，科学的灯光设计也能有效改善室内光线，甚至还有营造居室氛围的正面作用。

案例

22

打造开放式布局，半地下室也能亮如白昼

使用面积：56 m²
原始格局：2室1厅1厨1卫
改造后格局：2室2厅1厨1卫
居住人数：3人

　　因为女儿上小学，所以业主买下了一套位于地下一层的学区房。在改造之前，形似"杠铃"的户型加上半地下的楼层结构，使得房屋中部几乎无采光。房子虽小，但设计师仍看到了房屋的无限潜力，改造后不仅塞下了 100 m² 的功能配置：两室两厅、三分离卫生间以及大量的储物空间，而且半地下室小黑屋也变得格外敞亮。

问题 1
连接南北的过道零采光
"杠铃"户型采光主要集中在两侧，中间过道无采光

改造前

问题 2
两室不够住
老人偶尔来帮忙照顾孩子，需要两间独立卧室和一间灵活的睡眠空间

改造后

破解 1
利用软膜天花为暗区补光
用区块链灯搭配亚克力薄膜，模拟白然采光的效果，无窗暗走廊也能亮如白昼

破解 2
南侧卧室一分为二，北客厅新增临时睡眠区
"杠铃"户型中间窄两边宽，于是格局上采用"昼夜二分法"：南侧卧室属于夜晚区；北侧公共区做开放式布局，属于白昼区。在客厅增加沙发床，可灵活变身睡眠空间，南北动静分离

● 北侧公共区做开放式布局，借助沙发床新增临时睡眠区

将北侧客厅与相邻厨房打通，做成一体式开放布局，让无窗暗厨能与客厅共享北侧阳台的光线。对小户型来说，一体化设计能在有限的空间内创造更多连续的功能，中西分厨、客餐兼备，与阳台休闲区连接，都同在一条流畅的动线上。在这样一个相对开放的公共区，家人沟通的壁垒被打破，即使各自忙碌，陪伴感犹在，互动也可以随时发起，在真正意义上让家人之间的沟通更加紧密。同时，因为没有隔断的影响，室内的采光也得到了极大的提升。

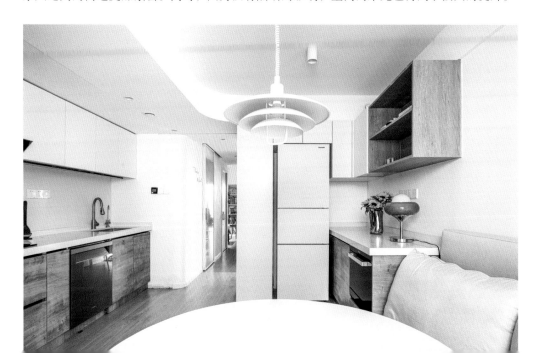

客餐合一，沙发特意挑选了座高 40 cm、高度接近座椅的款式，搭配高 73 cm 的圆桌，能随时切换用餐状态。沙发拉开一秒变床，连接的北阳台长 4 m，设计师将地面抬高至与沙发几乎同高，可作为客厅的座椅补充，满足 5 ~ 6 人聚会，到了晚上，铺上被褥便可作为休息区。

●南侧卧室区，利用折叠门分隔空间

南侧卧室区仅以一道折叠门分隔主卧与儿童房。门全开时，南向阳台的自然光线能直射进室内，增强空间整体的通透感，夜晚折叠门关闭，两间卧室各自独立，互不打扰。

连接卧室的琴房由原客厅改造而成，因为刚好在房屋的中间位置，没有采光，所以在墙面开槽暗装灯带，辅助照明的同时，还可作为吊顶线条轮廓的延伸，有放大空间的作用。

● 过道借助软膜天花，模拟自然光照

连接南北动静两区的走廊长达 17.6 m，两边的半窗采光无法抵达中间的走廊。为了优化功能、改善采光，设计师向卫生间借空间，将走廊向卫生间方向移动 52 cm，同时将洗漱台外移，通过过道两侧定制柜体置入丰富的生活场景。走廊尽可能保持大面积留白，顶面以区块链灯搭配亚克力薄膜模拟自然光线的效果，利用镜面及玻璃材质的特性，为暗走廊整体提亮。

改造后卫生间实现干湿三分离，坐便区与淋浴间各自独立。为增强暗过道的通透感，同时保证隐私，淋浴间利用长虹玻璃门增强透光性，透光不透影的材质特性有效解决了无窗暗区长时间密闭、阴暗的问题。

案例

23
拓宽门洞增大进光面，点状光源打造明亮空间

使用面积：50 m²
原始格局：2室1厅1厨1卫
改造后格局：1室2厅1厨1卫
居住人数：2人

　　业主是一对"80后"夫妻，因为很喜欢电视剧《深夜食堂》所呈现的温馨之感，所以希望自己的家也能有一个治愈人心的厨房。但原房屋因户型缺陷，给两位业主在生活上造成了诸多不便：首先就是采光，客厅被夹在厨房和卧室之间，没有直接光源；其次是两间卧室的利用率很低，收纳空间有限，生活物品摆放凌乱，且没有用餐区，在这样的环境中居住，很难让人产生幸福感。

问题1
没有独立用餐区
双卧室利用率低，相比之下更希望拥有一个独立用餐区

改造前

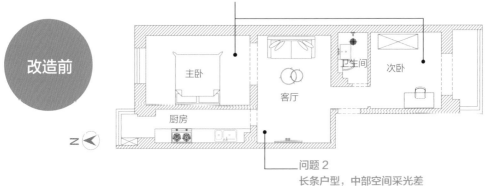

主卧　　客厅　　卫生间　　次卧

厨房

N

问题2
长条户型，中部空间采光差
中部客厅为暗区，无窗，几乎零采光

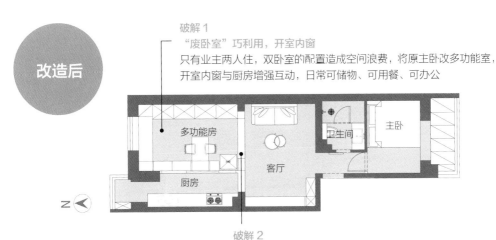

破解 1
"废卧室"巧利用，开室内窗
只有业主两人住，双卧室的配置造成空间浪费，将原主卧改多功能室，
开室内窗与厨房增强互动，日常可储物、可用餐、可办公

改造后

多功能房

厨房

卫生间

主卧

客厅

N

破解 2
破除隔墙限制，用玻璃材质化解空间封闭、阴暗问题
将客厅与原主卧打通，同时扩宽门洞，最大限度地引光
入室；厨房保留原封闭式格局，巧用玻璃门为客厅引光

● 在厨房开传菜口，增强餐厨互动性

业主下厨频率高，并不适合开放式厨房，为了改善狭长厨房的使用体验，厨房开室内窗做半开放式，窗口另外一边就是多功能室的餐桌，两个区域无缝衔接，饭菜做完转身就能端到饭桌上，大大提高了便利性，同时也能增进家人之间的交流。空间以点状光源布灯，暖白色灯光增添生活温度，营造出简约的日式居家深夜食堂氛围。

厨房是一个狭窄的长条空间，白色橱柜自带镜面效果，墙面搭配亮面面包砖为空间提亮，台面用了仿木大理石，木色与用餐区保持一致，交织出简约精致的气息。

●拆除隔墙，原主卧改多功能房，新增用餐区

客厅因原主卧的门挡住了一大部分光，且室内颜色偏暗，再加上光源比较少，导致整体采光极差。拆除原主卧的门，门洞扩宽，将原主卧改为多功能室，厨房门也更换为透光性更好的长虹玻璃门，让光线能够充分的进入室内。同时，将原客厅的单一光源增加至 3 个：天花板吸顶灯，沙发上方和电视墙上的两个轨道筒灯。暖白色光源营造出自然简洁的舒心氛围，也让整个客厅的空间在视觉上更加显大。

多功能室是本次改造重点，可伸缩餐桌最长能延伸至 1.5 m，方便日常待客。两位业主有时会在家里工作，男主人喜欢玩游戏，因此，这里除了有用餐的功能之外，还兼具了办公和娱乐。对小户型而言，想要在视觉上给人宽敞通透的感觉，除采光之外，"整体性"也是必不可少的，设计师选用了同色系的木材，运用浅色木系搭配白色，营造出自然简约的舒适氛围和清新通透的视觉感。

厨房玻璃门，缓解客厅的压抑感　　　　用扩宽门洞来延续视野范围，让客厅更通透

案例

24

暗装线形灯，为无窗暗走廊人工补光

使用面积：60 m²
原始格局：2室1厅1厨2卫
改造后格局：2室1厅1厨2卫
居住人数：3人

这套住宅是东南朝向的小两居，从早上六七点到下午三点采光都很好。唯一的缺憾是连接公共区与卧室之间的长走廊，因为刚好位于房屋中间且净高较低，左侧连接卫生间，右侧连接卧室，均为私密空间，不适合做开放式布局，导致走廊幽暗、采光差，居住体验感不佳。

改造前

问题1
公共区横厅进深大，采光差
客餐厅的主要进光点是在客厅窗户，因为空间整体进深较大，导致入户及餐区缺乏采光，无通透感

问题2
走廊无采光
连接公共区与卧室之间的长走廊无窗、采光差

改造后

破解 1
玻璃透光材质 + 软膜天花，增强通透感
餐厨区以玻璃移门分隔，走廊尽头做岛台，完善公共区功能。岛台顶部利用软膜天花模拟自然光

破解 2
人工补光
巧用线形灯为暗走廊补充光源

儿童房

主卧

客厅

餐厅

厨房

衣帽间　主卫　次卫

玄关

●走廊暗装线形灯带，人工补光

以入墙式线形灯带提升走廊的整体视觉效果，电视墙的贴皮木饰面从客厅一直延伸到过道，通过墙面材质的运用增强漫反射。鱼骨拼的木地板，无形中也会有拉伸空间的效果。走廊尽头，餐厅展示台和餐桌组合成岛台区，形成视觉落点。

● 玻璃材质结合软膜天花，增强公共区通透感

　　餐厨区以透光性良好的玻璃移门做隔断，岛台连同厨房统一成黑色调，用细波纹板、透明桌腿和细腿餐椅增加轻盈的视觉感。岛台上方以软膜天花模拟自然光线，层次丰富的灯光设计巧妙化解了室内过于暗沉的问题。设计师在岛台侧面预留了电源接口，方便业主一家在餐桌上办公时能够就近用电。

　　玄关紧邻用餐区，墙面刷灰色艺术漆，增加小空间的进深感，视觉上也有显大的效果。墙上射灯照亮的位置刚好是手办模型的位置，餐厅对面的玻璃陈列柜兼具餐具收纳和模型展示功能，美观又实用，玻璃材质的特性无形中也为起居室增强了通透感。

状况 10 ｜ 单面采光，空间通透感欠佳

解决方案　巧用弹性隔断，最大限度引光

　　增加采光可以说是"老破小"改造中的常见方法之一，但很多住宅因为户型本身存在缺陷，导致室内受光面积有限，甚至大多数只有单面采光。在重新规划室内空间时更要注意对光源的保护，尽可能使用可透光的材质，对私密度要求较高的空间如卫生间、卧室等，选择透光不透影的玻璃砖或磨砂玻璃代替墙体，在保护隐私的前提下增加居室整体的通透感。

25

以玻璃代替墙体，创造明亮通透的视野

使用面积：73㎡
原始格局：2室1厅1厨2卫
改造后格局：2室1厅1厨2卫
居住人数：1人

　　业主平时工作节奏非常快，居家的时间也是难得的休息时间，所以她的居住需求有点不一样，相比强调功能性的住宅，业主更希望居住空间能够自带度假的氛围，能够自在地喝茶、运动、烹饪……在改造之前，与大多数老房一样，有着采光差、地板墙面老旧和厨房卫生间格局不合理等问题。在舒适度和美感严重缺失的情况下，业主希望借助设计赋予它新的生命力。

改造前

问题1
过道型厨房，视野狭窄且利用率不高
厨房过于狭长，空间利用率低，采光仅靠一扇窄窗，视野狭窄

问题2
公共区采光仅靠客厅一扇窗，通透性欠佳
公共区采光点集中在客厅，空间各自独立，整体通透感欠佳

破解 1
缩短厨房长度，拉宽横向面积
适当缩短厨房长度，横向拉宽面积，厨房
由原 L 形布局升级为更高效的 U 形布局

破解 2
以玻璃代替墙体
用透明玻璃取代客厅与厨房之间
的墙体，打造内外通透的流畅视
野，厨房的采光也让公共区更加
明亮

改造后

● 巧用玻璃材质引光，拓宽视野

考虑到业主一家的饮食习惯以及格局规划的合理性，设计师保留了原封闭式厨房的布局，以大面积玻璃窗取代一部分厨房墙体，将客厅的自然光引入厨房，从而打造出内外通透的视觉体验，从厨房进来的阳光也让客餐厅整体更加明亮。

　　客厅更换整面玻璃窗，保证最大进光面，同时也收获了独一无二的窗景。窗台下定制柜体，实现了四大功能：遮挡老旧的暖气管，美化装饰；沙发旁设置壁龛，作为茶几的补充收纳，可用来收纳业主近期在阅读的书籍；延伸出的柜体可全部用来收纳，比如放瑜伽垫，业主有在家健身的习惯，就近拿放瑜伽垫更方便；定制柜加宽窗台台面，使平淡无奇的窗台变成一个多功能小吧台。

客餐厅一体式设计，藤编材质和长虹玻璃贯穿于家具设计中

●缩短厨房长度,打造高效 U 形布局

为提升厨房的使用体验感,在空间格局的改动上适当缩短了厨房的长度,横向拉宽面积,以定制组合柜的方式解决收纳不足的问题。1.8 m² 的备菜区大台面带来下厨的畅快感,业主能够边看电视边烹饪美食,厨具随手可拿,做饭也能变成一件无比幸福的事。

厨房格局的优化也使玄关的功能更加完善,释放出来的面积成为玄关的储物空间(厨房门两侧分别做定制柜),洗衣机、烘干机也被安置在厨房入口位置,脏衣不进屋。

U 形厨房布局让空间利用最大化

玄关储物柜内嵌于墙体,保持墙面的平整性

26

客卧大挪移，『闷罐房』里变出穿堂风

使用面积：87 m²
原始格局：2室1厅1厨1卫
改造后格局：3室2厅1厨1卫
居住人数：2人

　　黄女士的家，因原"手枪"户型本身存在格局缺陷，室内隔墙林立、采光差、通风不佳，居住体验极差。黄女士夫妇理想中的家是自然、通透的，希望能在新家过上有"吧台、大厨房、三分离卫浴、分区收纳"的生活，一家人一起享受美食和阳光。

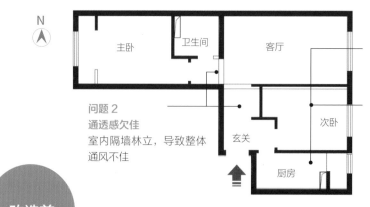

N

主卧　　卫生间　　客厅

问题1
动线混乱，且没有独立用餐区
没有独立用餐区，客厅与厨房之间隔着一间卧室，动线冗长复杂

问题2
通透感欠佳
室内隔墙林立，导致整体通风不住

玄关

次卧

厨房

改造前

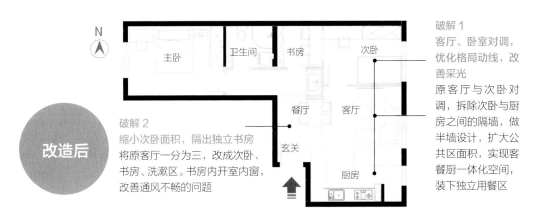

破解1

客厅、卧室对调，优化格局动线，改善采光

原客厅与次卧对调，拆除次卧与厨房之间的隔墙，做半墙设计，扩大公共区面积，实现客餐厨一体化空间，装下独立用餐区

破解2

缩小次卧面积，隔出独立书房

将原客厅一分为三，改成次卧、书房、洗漱区。书房内开室内窗，改善通风不畅的问题

改造后

● 客卧对调，利用开放式布局改善通风采光

原客厅与次卧对调后，将客厅墙体向次卧方向内推 50 cm，扩大使用面积。客厅与厨房之间做半墙的设计，与厨房打通，形成常见的开放式布局，使进光面能够较大限度地照拂公共区的每一个角落。业主非常喜欢日式原木风，通过软装搭配也可以让空间呈现出一种较为松弛的状态。餐厅旁边是通往主卧的入口，走廊门洞改成了拱形门洞，在视觉上拔高空间，拱形门洞宽度 1.5 m，也能大大增加对角线的通风量，让空气能流通至主卧及卫生间。

餐桌桌面是可折叠设计，全打开可同时满足 4 ~ 5 人用餐

客厅墙体向次卧方向内推 50 cm

改善通风设计的关键点： 我国夏季南方气压高，北方气压低，吹东南风。风从东向的窗户吹进室内，改造后的客餐厨畅通无阻，能直接从餐桌旁的超大拱形门洞进入主卧，实现空气对流，让起居室享受穿堂风的照拂。

●缩小次卧，隔出独立书房

考虑到未来这个家会新增人口，老人也会搬来长期居住帮忙带娃，需要在两居室的基础上再增加一间独立卧室，同时，男业主也希望能有一个兼顾办公、游戏、读书的书房。综合考虑之下，设计师将原来空间中最大的客厅一拆为二，左侧隔出了一个 2 m× 1.85 m（长 × 宽）的独立书房，定制了一张 1.8 m 长的实木双人书桌，满足两人能同时使用。别看书房不大，但得益于室内窗户的设计，胜在通透。

书房隔壁为次卧，室内窗的水纹玻璃契合日式住宅的风格，也能有效保证卧室的私密感。

27

为老房引光

开放式空间结合玻璃隔断，

使用面积：85 m²
原始格局：2室2厅1厨1卫
改造后格局：2室1厅1厨1卫
居住人数：2人

　　房子厨卫面积较小，且单面受光，原空间隔断过多且缺乏规划，这不仅让空间变得零碎，更影响室内的采光。业主是一对实用主义的"80后"夫妻，一切以好用、便利为基础，"颜值"仅作为空间的一种辅助。为改善室内采光问题，设计师将厨房与客餐厅打通，将公共区做成开放式，同时使用大面积玻璃材质，让光线能够直达空间内部，从而提升室内整体的明亮度。

改造前

问题 1
隔断过多，影响室内采光及通风

狭长的厨房空间进光面过小，唯一的采光窗位于拐角位置，进光角度受限，不利于室内整体的采光，也让室内空气无法顺畅对流

问题 2
格局不当，餐厨距离过远

餐厅位于一进门的位置，距离厨房较远，行动路径过长，便利性欠佳，同时餐厅因为与采光窗距离较远，光线不给力

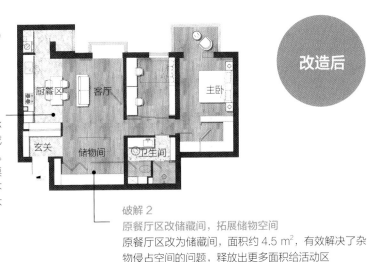

破解 1
厨房做开放式，并入公共区
拆掉厨房与客厅之间的非承重墙，将客餐厨合并，形成一个宽敞的开放式起居空间。在客厅与厨房之间，以餐桌及沙发作为分界线，隔而不断，功能区各自独立却又不失开阔感

破解 2
原餐厅区改储藏间，拓展储物空间
原餐厅区改为储藏间，面积约 4.5 m²，有效解决了杂物侵占空间的问题，释放出更多面积给活动区

●拆除多余隔断墙，打造开阔、舒适的起居空间

原客厅沙发与电视机之间的距离过长，导致视距过大，光线也只能留给部分空间，浪费了宝贵的采光资源。将客餐厨打通合并，通过整合零碎空间也能发挥公共区面积的最大值。改造后，沙发与电视机之间的距离也被调整至 150~250 cm，两组双人沙发围合出互动感更强的客厅区，轻巧好移动的圆茶几为空间带来更多灵活性。

自然光通过客厅窗直射室内，充沛的阳光让客厅更显温馨

黄铜吊灯作为空间中的点睛装饰，为餐厨空间增添一份精致感

　　将用餐区挪至客厅与厨房中间，大大缩短了餐厨动线，功能集中的同时也收获了更为敞亮的空间视感，厨房面积也由原本的 7 m^2 拓展至 9 m^2。依据"储存—清洗—备餐—烹饪"的下厨动线，沿墙面定制橱柜，一字排开。餐桌与橱柜之间的过道宽约 95 cm，预留出充足的可操作空间。

将餐桌纳入厨房，节省空间且整体感更佳

将与厨房相邻的小阳台改为洗衣区，方便晾晒，玻璃门也能将阳台的光线引进来

● 玻璃隔墙引入光线，改善暗区采光

　　考虑到该户型仅单面采光，设计师在靠近采光面的区域大量运用了透光性能更好的玻璃材质作为弹性隔断，为室内"借"光源，让光线能够直接照射到距离采光面较远的暗区。通过弱化空间与空间的界限增强室内的通透感，从而大幅度提升空间整体的明亮度。

次卧以玻璃推拉门代替墙体隔断，打造弹性书房，推拉门有分隔效果的同时，又能为暗走廊引光

以半高鞋柜 + 黑框长虹玻璃隔断分隔玄关与厨房，
地面以灰色通体砖与室内空间区分开，形成落尘区

卧室以黑框
长虹玻璃做
隔断，新增
4 m² 衣帽间，
玻璃的透光
性更好，相
比板材也更
加环保

案例

28

浅色调提亮空间，营造通透的视觉氛围

使用面积：53 m²
原始格局：2室1厅1厨1卫
改造后格局：1室2厅1厨1卫
居住人数：3人

　　这套老房子原户型没有玄关，客、厨、卫过小，两间卧室略大，"手枪"户型的格局使得房子整体进深过长，位于房屋中部的过道及卫生间整体采光很不理想。楼体是砖混结构，中心十字分布的承重墙导致无法通过拆改格局，改善空间的采光缺陷。这套房子仅作为业主的阶段性过渡房，考虑到孩子还小，他们更希望能将主卧与儿童房合并，放子母床方便照顾小朋友，释放出来的原主卧打开作客厅，方便从南面引光。

问题1
空间分布不合理
卧室大，客厅小，厨房因格局缺陷导致仅单面进光，玄关采光差

问题2
暗卫，且中部过道无采光
被两间卧室左右夹击的卫生间是个无窗暗区，中部过道的采光也极差

改造前

改造后

破解 2
厨房做成开放式
橱柜整体以白色为主调，
为空间提亮

破解 1
原主卧与阳台打通改客厅，引光入室
改造后重新调整布局，将阳台并入室内，
作为公共区主要采光源，室内整体以白
色、原木等作为空间主色调搭配，整体为
空间提亮

● 将阳台纳入室内，作为公共区主要采光源

业主希望每天回到家，就可以感到舒缓而松弛的客厅氛围，所以原先南向的大卧室被改成了客厅。考虑到视觉减压，电视柜对面的沙发区简单留白，设计师将老暖气片移走，同时扩大阳台门洞，换掉老窗，取而代之的是一扇更为通透的大玻璃窗户，最大限度地保证进光面。

电视柜有序做好书籍、杂物的分类收纳，
避免杂物侵占活动区的问题

　　"变大"是小户型设计的永恒主题，设计师在客厅隔出了一个的衣帽间，并顺势拉平两边墙面，客厅也因此能够实现整面电视墙柜的设计，增大公共区的储物空间。这种感官上的"大"更多是空间功能的增多。

衣帽间长 147 cm、宽 174 cm，拉平两边墙面

在衣帽间内使用开放式墙面收纳系统，可根据不同季节灵活拆卸，自由搭配

●以木格栅隐藏门板，墙面留白，增强视觉通透感

　　为了放大视觉感官的整体性，新增的衣帽间外墙和卫生间的门统一包裹了木格栅做隐形处理，垂直的线条并列延续，可以有效弥补墙面的空旷感，同时也缓解了进门见卫生间的窘迫。

木格栅排列有序，具有设计感

通过地面材质区分过道及室内区域，明确功能分区

●厨房做开放式设计，白色橱柜提亮整体空间

原来的厨房窄小、逼仄，设计师通过打通墙体将厨房做成了开放式，最大限度地将北侧的自然光引入室内，扩大空间感。在定制柜体时，冰箱、烤箱、洗碗机等设备都预留了嵌入式的位置，将整个空间化零为整，纯白色橱柜无形中也有为空间提亮的效果。厨房中的木色置物架与可伸缩餐桌整合，仅在用餐时拉出，时刻保证空间的通透体验。

紧邻厨房的玄关同样是位于中部的暗区，延续了厨房纯白色的配色方案，并在置物架和柜子下面暗藏灯条，开门就能看见恰到好处的光线。

暗藏灯条，为玄关暗区增加采光

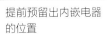
提前预留出内嵌电器的位置

伸缩餐桌可最大限度地利用空间，平常收进架子里，完全不影响厨房的动线

29

开室内窗导入光线，照亮无窗暗角落

使用面积：90 m²
原始格局：2室2厅1厨1卫
改造后格局：3室2厅1厨1卫
居住人数：2人

　　业主两人理想中的家是质朴中略带复古肌理感的风格。户型朝南，但靠里的北侧没有窗户，采光不是很理想，而且两个人的生活杂物比较多，室内的成品柜将空间全部占满，导致明明有90 m²的两居室却并不显宽敞。而且室内因为承重结构，几乎无法大拆大改来实现居住体验的升级，只能在现有格局的基础上做微调。

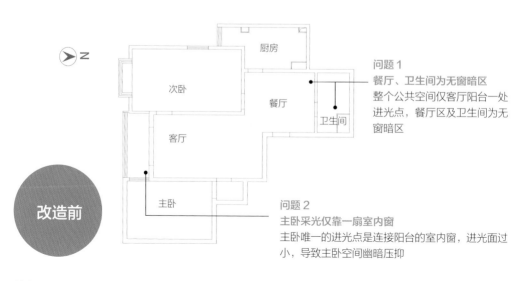

N

厨房

次卧

餐厅

卫生间

客厅

主卧

问题1
餐厅、卫生间为无窗暗区
整个公共空间仅客厅阳台一处进光点，餐厅区及卫生间为无窗暗区

问题2
主卧采光仅靠一扇室内窗
主卧唯一的进光点是连接阳台的室内窗，进光面过小，导致主卧空间幽暗压抑

改造前

破解1
客厅与阳台打通，增大公共区进光面
拆除阳台与客厅之间的隔断，让光线能够最大限度地照亮室内的采光暗角，同时人工辅助补光

破解2
主卧做飘窗，最大限度地从阳台引入光线
将主卧窗户外探做飘窗，增大采光面

改造后

●在公共区减少吊顶，使进入室内的光线发挥最大效果

客厅整体以大地色系为主，悬浮电视柜对于扫地机器人很是友好，能有效避免卫生死角。转角灰色的L形柜作为客厅的集中收纳区，同时也承接着公私区域的动线转折。转角柜的侧面部分补充卧室收纳，灰色的体块，让不同空间的收纳有一种整体感，不会过于散乱。

阳台与客厅打通后，被改成布偶猫咪的专属领地，为了让猫咪有更多玩的地方，特意用小搁板打造了一个游戏区。原来的阳台下水管也用麻绳包裹起来与收纳柜结合，满足猫咪磨爪子的习性，同时也能修饰管道。

● 卧室做飘窗外探，拓展储物空间

　　主卧延续了公共区的配色方案，墙面留白是为了日后业主能够在卧室使用投影仪。卧室内的唯一一扇采光窗是朝向阳台的室内窗，为了改善采光，设计师将原有窗户向阳台推出做成飘窗，较大限度地为卧室空间增加进光面。

　　飘窗日常也能作为休闲卡座使用，底部靠阳台区域改成收纳柜，为卧室拓展出更多储物空间。阳台顶部安装的隐形晾衣架，在保留基础晾衣功能的同时，也能让阳台变成休闲玩耍的多功能空间。

白色墙面作为投影幕布，经济环保，又不占用空间

外探飘窗增大采光面

以木饰面作为飘窗台面，方便使用

状况 11　阳台作为主要进光空间，晾衣挡光不美观

解决方案：洗衣机、烘干机叠放，藏于临近上下水的区域

对于阳台这个空间的功能设定，我们下意识的反应是"晾衣服"，但在寸土寸金的一线大城市，能够获得阳光直射的空间自然不用多说就知道有多珍贵了，舍得让这个占据全屋最好采光资源、视野最好的空间，仅仅用作晾衣服？用来养花、品茶、晒太阳打盹儿或许才是阳台的最优解，将更多空间功能引入阳台，比如书房、茶室、儿童游戏区等，或许你能得到一个与以往完全不同的居住体验。

案例

30

百叶柜搭配排风扇，打造柜内洗衣区

使用面积：67 m²
原始格局：2室2厅1厨1卫
改造后格局：2室1厅1厨1卫
居住人数：3人

业主是一对新婚夫妇，他们计划要小孩，所以两居室是基础需求。宝宝出生后会接父母过来帮忙照看，还要解决老人居住的问题。原始户型为两室一厅，仅有的飘窗，业主更希望能作为休闲空间使用，而非单纯地晾晒衣物。

问题1
两居室不够住
需要第三个睡眠空间，以解决老人居住的问题

N

卫生间

次卧　　　　　　　　主卧

厨房　餐厅　　　　　客厅

玄关

改造前

问题2
无阳台，没有合适的空间晾衣服
晾晒不方便，需要放置烘干机

改造后

破解 2
厨房里面装洗衣机、烘干机
拆除厨房多余墙体，餐厨一体，并将家政间放入其中，嵌入洗衣机、烘干机，解决晾衣难题

破解 1
客厅新增临时睡眠区
次卧留给父母小住或作为儿童房，客厅加宽飘窗，也可以作为床使用

●利用定制柜，做隐藏式洗衣区

餐厨在一进门的左手边，拆掉厨房的非承重墙后，公共区瞬间变大，有足够的空间能够将家政洗衣的功能纳入其中。

家政区藏在厨房右侧的百叶门后，洗衣机、烘干机连接厨房的上下水藏入柜内，不影响公共区的整体性。旁边的冰箱做了地台抬高，方便管道排到左侧的下水道，同时也能避免家政间漏水引发危险。柜子里面安装了一台排风扇，用来洗衣时能够充分通风换气，暖气也被句入其中，冬季晾衣也能起到烘干的效果，百叶窗柜门的选择也是为了不妨碍暖气散热。

冰箱底部做地台，方便隐
藏洗衣区的下水管道

使用百叶窗柜门，可增加空气的流动
性，减少洗衣区的潮气

●客厅新增临时睡眠区，两居室变三居室

客厅一整面墙作为收纳区使用，除收纳客厅生活用品外，也可以作为大衣柜、清洁工具收纳柜。解决衣物晾晒问题后，设计师增加了飘窗的宽度，上面铺设软垫，可作为临时床榻使用。飘窗下用编织筐收纳床上用品。除了百叶帘外，飘窗侧面和柜子间的空隙还设置了遮光帘。两个窗帘拉起来可以让飘窗形成一个独立的睡眠空间。

加宽飘窗，既可用作小睡的床铺，又能作为休闲娱乐区

31

阳台榻榻米地台结合软膜天花，打造休闲风景区

使用面积：80 m²
原始格局：1室1厅1厨1卫
改造后格局：1室1厅1厨1卫
居住人数：1人

业主从业于互联网行业，是一位独居男生，平时喜欢音乐、健身、购物和"撸猫"，希望设计师能为自己打造出干净整洁的极简风格住宅，并且能把自己喜欢的三个颜色——灰、白和雾霾蓝融合进来。

N

问题1
阳台晾衣不美观
唯一的阳台在客厅，晾衣不美观且容易挡光

问题2
公共区采光差
公共区进深大且仅客厅阳台一个进光点，空间整体采光差

改造前

改造后

卧室

客厅

阳台

卫生间

餐厅

厨房 玄关

N

破解 1
阳台做地台改为休闲区
阳台做地台储物，顶面增加软膜天花
补光；用烘干机解决晾晒问题

破解 2
卧室做成半开放式空间
卧室以木格栅代替墙体，打造通透的
视觉体验，为公共区引光

●阳台做地台，改成多功能空间

用烘干机解决晾衣问题，将阳台释放出来作多功能休闲区，定制榻榻米地台增加储物功能，天花板安装软膜天花，使整体效果通透，更显高档质感。猫爬架也被安置在阳台，在不影响全屋采光的前提下，猫咪也能尽享美好阳光。

客厅围绕沙发形成洄游动线，串联起客餐厨及卧室几个空间。米色沙发与极简造型的水泥铁艺茶几、温暖朴实的草编亚麻地毯中和了极简空间的冰冷气质，塑造出轻盈的居家氛围。

●卧室做成半开放式，增强空间通透感，人工辅助补光

考虑到业主平时只有一人居住，为改善公共区采光，设计师将原卧室与客厅打通，以木栅隔断门代替墙体，搭配内嵌轨道的电动软帘，私密性和通透性兼具，且温润的定制木作同时和客厅的其他木质元素形成呼应。卧室的软帘将古典的颜色与现代时尚融为一体，十分适合这间极简的住宅。

4

收纳

拒绝断舍离，
适合国人的储物设计

状况 12　玄关功能缺失，鞋包杂物无处安放

解决方案：从有限的面积内"偷"出收纳空间

　　老房改造常要面对很多的窘境，比如在本就有限的面积内，还要面对储物空间不足的情况。尤其对于无玄关户型来说，门厅储物功能缺失会导致鞋包无法妥善安放，门口杂物堆叠同样会影响业主回家体验感，而开门一览无余的格局设计，也会使得室内缺乏私密性。在这样的情况下，通过格局微调，以及符合空间尺度的定制家具去改善，才有可能在本就局促的住宅内"偷"出收纳空间。而功能重叠也是小住宅实现多功能空间常见的设计手法，将门厅功能与相邻空间的功能重叠，相互借用面积，也是提升居住体验的好方法。

案例

32
无玄关户型，也能拥有步入式门厅柜

使用面积：66 m²
原始格局：2室2厅1厨1卫
改造后格局：2室2厅1厨1卫
居住人数：1人

　　这套房是一眼望到底的无玄关户型，入户门正对客厅窗，也不符合室内设计心理学。业主未来5年都以独居为主，希望家是开阔明亮、温馨私密的。因此，公共空间尽可能采用开放式设计，改善采光的同时也能收获开阔视野，入户区利用定制柜解决了储物功能缺失的问题，玄关储物与卫生间干区功能叠加，"进门—换鞋—挂衣—洗手"的动线一气呵成，为家建立起一道简易防线。

问题1
暗厨、暗卫采光差
整个空间仅单面采光，靠近门口的厨卫空间都是无窗暗区，使用体验较差

改造前

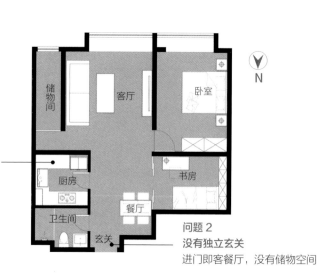

问题2
没有独立玄关
进门即客餐厅，没有储物空间

破解1
卫生间三区分离，利用玻璃材质为暗区引光
卫生间临近玄关，将洗漱台外移实现干湿分离，坐便区与洗漱台之间以透光不透影的水纹玻璃做隔断；洗漱台靠近门口，进门即可洗手，避免将细菌带回家

破解2
餐厅移位，新增玄关储物区
重新调整餐厅位置，将客餐厅合并，原餐厅位置改为玄关储物区，利用定制家具打造步入式门厅储物柜

●餐厅移位，新增步入式玄关柜

　　将餐厅移位至靠近客厅的位置，客餐厅合并。原餐厅位置利用定制柜体做出一个步入式储物间，进深1.4 m，深处的搁板平时用来放行李箱等物品，业主回到家后也能随手挂衣服，放鞋放包，概念上很像是日本的玄关储物间。柜内装感应内嵌灯，人离开之后灯自动关闭，省去了手动开灯关灯的麻烦。

　　在玄关储物间旁边设置零食柜，嵌入冰箱，解决了厨房面积过小无法容纳冰箱的问题。侧面为猫沙盆和家政柜，将其作为公共区域整体设计中的一环，保证美观度。

●开放式设计改善暗厨采光，餐岛一体储物量翻倍

　　为改善暗厨采光，设计师拆掉部分隔墙将其做开放式设计，从公共区引光。改造后，客餐厨串联，餐厅新增多功能水吧，除日常用餐外，这里还是客餐厨的拓展储物区以及室内咖啡角。柜内连接厨房上下水嵌入洗衣机、烘干机，上下叠放更省空间。

厨房做成开放式，改善采光问题

新增水吧台，储物空间加大

●洗漱台外移，完善玄关功能

卫生间临近玄关，借助洗漱台外移实现干湿分离，"进门换鞋—挂衣—洗手"的动线一气呵成，进屋先洗手，避免将细菌、灰尘带进室内。

考虑到洗漱区的收纳问题，设计师在浴室柜旁边增加了一个小木柜，就在入户门右手边，也很能起到过渡缓冲和辅助收纳的作用。同时，所有洁具走墙排，不使用落地式一体台盆，减少了卫生死角，在视觉上也更清爽。

定制半高柜，增加收纳容量，上方台面也能做玄关置物空间

洗漱台下水管后置安装，台下做抽屉储物

案例

33

利用双面柜，隔出独立入户区

使用面积：80 m²
原始格局：3室1厅1厨1卫
改造后格局：1室2厅1厨1卫
居住人数：2人

　　房间多，但未必利用率高，比起将房间空置，让空间最大化满足自己的生活需求，才不算是一种浪费。业主夫妇两人未来没有生育计划，两间次卧平时基本就是空置状态，三居室的配置对这个家庭来说显然不是最优解。因此，设计师将三居室改成一居室，业主也收获了更加合理的公私空间分区，拥有将近9 m长的开阔大横厅、独立衣帽间……是一个更适合居住者生活习惯的家。

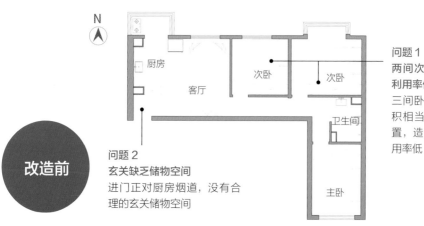

改造前

问题1
两间次卧闲置，空间利用率低
三间卧室与公共区面积相当，却有两间闲置，造成整体空间利用率低

问题2
玄关缺乏储物空间
进门正对厨房烟道，没有合理的玄关储物空间

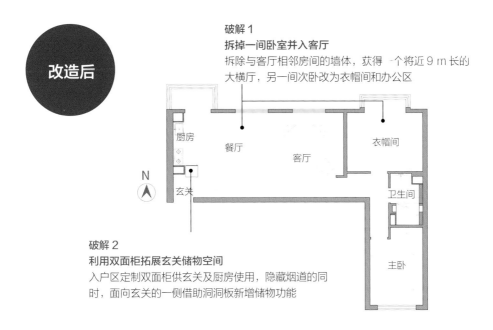

破解 1
拆掉一间卧室并入客厅
拆除与客厅相邻房间的墙体，获得一个将近 9 m 长的
大横厅，另一间次卧改为衣帽间和办公区

厨房

餐厅　　客厅　　衣帽间

N

卫生间

玄关

改造后

破解 2
利用双面柜拓展玄关储物空间
入户区定制双面柜供玄关及厨房使用，隐藏烟道的同
时，面向玄关的一侧借助洞洞板新增储物功能

主卧

●定制双面柜，隔出独立玄关

原始户型中，开门正对烟道，改造后借用橱柜做遮挡，柜体刚好隔出一个独立小玄关，避免进门后室内空间一览无余。柜子可双面使用，面向厨房一侧嵌入冰箱，面向玄关一侧预留 10 cm 宽的空隙，借助洞洞板满足玄关基础储物功能，方便进出门时随手置物。

从玄关向里走延伸出一个壁挂展示区，柜体悬空固定，兼顾鞋柜、餐边柜的功能。

●拆除次卧并入客厅，客餐厨串联，视野更开阔

原客厅右侧的小卧室并入客厅，拓展公共区使用面积，厨房北侧的功能阳台也被打通，作洗衣区使用。客餐厨以岛台为中心串联，形成集休闲、收纳、观影于一体的多功能空间。改造后，三面大窗为客厅引入充沛的自然光，房子虽然朝北但采光极佳。

34

调整厨房门的方向，增加玄关收纳容量

使用面积：99 m²
原始格局：2室1厅1厨2卫
改造后格局：2室1厅1厨2卫
居住人数：1人

　　业主是一个"90后"独居男孩，他的性格特征体现在他对于新家的诉求中：希望家能多点儿不一样的地方，公共区要尽可能开放。业主的居家活动总是围绕电视机展开，希望不论身处客餐厅的哪个角落，都能有电视的陪伴。所以这个家主色调是由象征自由的克莱因蓝串联起来的，高明度的黄色和红色软装配饰小面积点缀，冷暖调和，从细节处提亮空间，造就色彩的和谐。

改造前

主卧
次卧
客厅
主卫
餐厅
客卫
厨房
玄关

问题 1
卫生间使用面积小且无窗
两个卫生间都是没有窗户的暗卫，且管道密集，使用体验不佳

问题 2
进门见灶
"进门见灶"是业主比较不满意的地方，一来有室内设计心理学的问题，二来也比较容易显杂乱

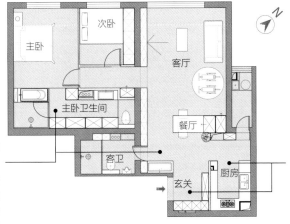

破解 1

洗漱台外移，整合相邻空间拓展使用面积

客卫洗漱台外移释放空间，实现干湿分离，提升使用体验；将主卫与主卧内原储物空间打通合并，并入卧室形成套间，增强私密性

破解 2

更改厨房门的位置

将厨房门移至餐厅旁边，优化入户动线，完善玄关储物系统

● 利用地暖高低差，形成玄关落尘区

改变厨房门的方向后，玄关可利用的立面空间增加，入户收纳由原本门侧的单组薄鞋柜拓展至 L 形组合储物柜。正对入户门的柜子设计成顶底留空的鞋柜，减少体量感，弱化视觉阻隔。克莱因蓝从入户一直延伸至室内，起到引导动线的作用。

室内铺设地暖，地面利用地暖高低差形成玄关落尘区，避免鞋底污垢进入室内。玄关铺设灰色水磨石地面，室内采用水泥自流平和黑色地坪漆，通过地面材质划分室内外区域，被抬高的地面也可代替换鞋凳使用。

客卫洗漱台外移，换鞋、挂衣之后转身就能洗手，以无尘状态进入室内

●卫浴管道走墙排下水，提升美观度

洗漱台外移至玄关，实现客卫干湿分离。干区利用入墙龙头和墙排下水的设计保障空间的整体性，洗手盆斜面排水，方便日常打理。

●缩短餐厨动线，为暗区引光

改造后的厨房门面向客餐厅，大大缩短了餐厨动线，原本单面采光的厨房，也因此能够从客厅引入自然光线。餐厅位于客厅与厨房之间，餐岛一体的设计能将"鸡肋"角落充分开发。岛台内嵌入小冰箱，储存饮品，方便就近拿取。

电视机安装旋转支架壁挂，可根据观看视角调节观看角度

状况 13　满屋大柜子，侵占本就不富余的活动空间

解决方案：把柜子做进房屋结构中，让收纳空间隐形

　　柜子并非越多越好，很多人在装修时常会走进"多做柜子"的盲区里，认为只要家里柜子足够多就能解决收纳问题。但在室内设计中，定制柜数量多并不代表收纳能力强，柜子数量的增加往往代表着人活动空间的减少，不合理的柜体设计很容易造成空间浪费。在优秀的案例中我们发现，解决收纳需求的基本方式还是对空间尺度、居住者的生活习惯以及所储存物品的综合评估与细致梳理，简单粗暴地"多做柜子"并不能解决根本问题。对于定制柜还有一点很容易被忽略，当大体量的柜体占据室内空间时，它也会成为影响室内"颜值"的重要一环。

案例

35

小户型收纳空间翻倍

以柜作墙，优化隔断结构，

使用面积：48 m²
原始格局：1室1厅1厨1卫
改造后格局：1室1厅1厨1卫
居住人数：2人

　　这个 48 m² 的一居室户型虽方正，但房子仅单面采光，位于房屋中央的厨房狭窄且封闭，整屋也缺乏系统性的收纳规划。业主夫妇很少下厨，厨房对他们来说是使用频率较低的空间，因此没有油烟困扰，所以设计师将厨房的非承重墙拆除，公共区的视野瞬间明朗，一进门便能直接感受到来自客厅和厨房的自然光线。

问题 1
厨房狭窄封闭，储物空间不足
狭长型厨房的典型特征就是过道窄，冰箱一放，不仅影响动线，视觉上也会容易显乱

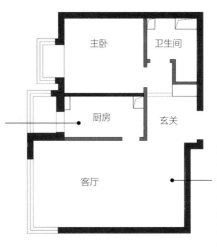

主卧　　卫生间

厨房　　玄关

客厅

Z

改造前

问题 2
客厅作为最大的空间，仅用来看电视，功能单一
小户型想要实现多功能效果，离不开单个空间的多功能叠加，客厅作为面积最大的空间，可以尝试更多的改造可能性

破解 1
以柜子代替墙，增加储物空间
将厨房做成开放式，以柜子代替墙分隔客厅与厨房两空间，柜子既是电视墙也是厨房储物柜，"一墙多用"

破解 2
客厅实现一厅多用
客厅增设独立储物间，同时利用定制家具置入办公区和用餐吧台，客厅因此变成集休闲、办公、储物、用餐于一体的多功能空间

● **拆墙扩大厨房面积，以柜作墙，美观储物不占空间**

　　没有隔断墙的厨房视野一片宽阔，客厅与厨房之间以一组橱柜分隔，柜子面向厨房一侧嵌入冰箱、烤箱、洗碗机，没有了遮挡物的过道、动线流畅；柜子面向客厅一侧为电视墙，将储物空间做进房屋结构之中，柜子也能承担起储物之外的功能。

　　小户型的使用面积有限，空间规划需要分寸必争，以柜子代替墙体，从隔断中"偷"储物空间，完全不用担心柜体会侵占活动空间的问题。但柜子相比墙体隔声效果会弱一些。

●客厅新增独立储物间，一厅多用

客厅粉、绿色搭配柔和又轻盈，能让业主回家后很快进入放松的舒适状态。设计师在入口设计了一个 $9\,m^2$ 的圆弧形储物间，满足收纳需求的同时兼顾美感，流畅的斜角串联起室内动线。

电视背景墙"一柜多用"，除了最基础的影音娱乐外，设计师在两侧分别加入了办公和用餐两个功能。整体色调同样是以绿色和白色为主，实现书桌、吧台与电视墙的功能整合，串联起一字形的流畅空间感，而穿插其中的开放层板柜则可作为展示柜，搭配多功能房更显开敞通透。

储物间解决了衣物以及客厅杂物的收纳问题，面向客厅一侧的开放格还可以用来存放书籍

案例

36

闲置空间别浪费，楼梯下『偷』出来的储物柜

使用面积：89 m²
原始格局：2室1厅1厨2卫
改造后格局：2室1厅1厨2卫
居住人数：2人

　　这是一个 Loft 户型，房子进深较大，原户型因为过于强调各功能空间的独立性，导致一层位于房屋中部的厨房与楼梯间过道狭窄局促，整体通透感不佳，加上欠缺系统性的储物规划，导致一进门就给人拥堵、杂乱之感。业主希望通过此次的格局微调，完善住宅的使用功能，改善格局缺陷的同时，也能提升空间利用率，收获更充裕的收纳空间。

问题 1
楼梯下方空间太"鸡肋"，难利用
楼梯靠近入户门，下方的三角区立面空间堆满杂物，导致一进门就感觉空间杂乱、拥堵

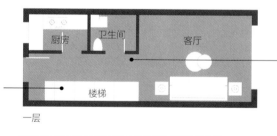

问题 2
隔墙林立导致入户区采光不佳
一层客厅与楼梯之前的隔断，隔开空间的同时也阻断了从客厅照入的自然光

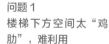

改造前

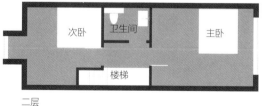

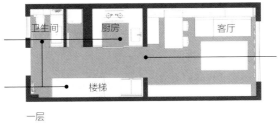

破解 1
在楼梯下方定制柜体，拓展厨房储物空间
将一层厨卫调换，楼梯下利用定制家具嵌入冰箱，完善厨房的使用功能，拓展储物空间

破解 2
拆除客厅与楼梯间的隔断墙
拆除一层走廊和客厅的隔墙，使整个房间更加通透明亮、平整利落；同时楼梯下面设计储物区域，获得更大的空间利用价值

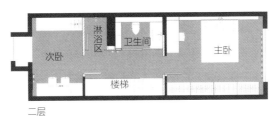

一层

二层

●借助洞洞板，向上拓展空间

这个房子没有玄关，从格局上来看也不适合凭空造玄关，会显得更加拥挤。能用的只有楼梯前 1 m² 的区域，设计师利用洞洞板，借用垂直空间，解决了业主临时悬挂衣物和放杂物的需求。洞洞板的搁板、挂钩可根据使用需求自由排列，趣味性更强。楼梯上方设置悬空展示柜，里面是用乐高积木拼起来的城堡。

●楼梯下做柜子，拓展立面储物空间

对两层小住宅来说，楼梯下方的三角立方空间闲置不用会很可惜。在这个案例中，将客厅与楼梯之间的隔断墙拆除后，设计师利用柜体在楼梯下内嵌双开门冰箱和烤箱，并顺应斜面阶梯做出收纳空间，让多余的三角区被高效利用，以内装反弹器的方式做了隐形柜门，使得看起来更加干净利落。

因为少了实墙的阻隔，从客厅而来的自然光线能被充分引入室内，设计师将楼梯扶手改为玻璃材质，加强空间的通透性，同时也能打破大体量储物空间带给人的视觉压迫感，借此弥补住宅中部采光不足的格局缺陷。

冰箱对面即是厨房，下厨动线流畅，楼梯储物区也可作为厨房功能的拓展空间

状况 14　只能储存杂物的柜子，不够美观

解决方案：局部设置展示柜，储物系统也能变成房子里的点睛装饰

在没有富余空间做装饰设计的小户型中，定制柜也能成为凸显居住者品位及空间风格的重要一环。通过材质、色彩、造型等，在保证储物功能的前提下，使柜体设计融入住宅，成为表达空间设计风格的方式之一，让定制家具也能发挥多种作用。

37

借助木饰面构建出块体的可视性，赋予收纳柜装饰功能

使用面积：138 m²
原始格局：3室2厅1厨2卫
改造后格局：3室2厅1厨2卫
居住人数：3人

　　房子坐北朝南，户型方正，本身并不存在什么硬伤问题。设计师保留了原有格局，整屋通过混材设计来打造多元且极具质感的居住氛围。柔和的柚木、自然原生仿石材瓷砖、岩板等热门材料……不同空间丰富的材料混搭，使整屋呈现出简约而沉稳的风格，但简约并不意味着简单，有质感的简约更需要用心去呈现。

问题1
公共区面积比较大，浪费空间
客厅进深大，空间的利用率不高，想要储物空间多但又要保持整体的舒适美观

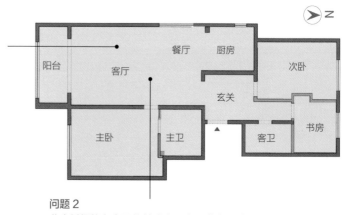

改造前

问题2
业主希望能在实用的基础上，多一些有质感的生活设计
在房屋面积足够的前提下，储物空间更强调装饰性与设计感，通过材质与色彩的搭配，让其成为空间中的亮眼装饰

破解 1
玄关打造隐形收纳空间，兼顾"颜值"
入户区巧用木作柜体
设计出隐藏式收纳空
间，将收纳规划作为
空间设计的一项，维
持整体视觉美感

破解 2
保留公共区的开阔性，通过墙面材质区分功能
保留客餐厨相连的原始格局，通过木饰面区分各
个空间的功能，丰富空间的层次感

●以柜体代替墙体，利用"口袋门"增强视觉整体性

餐厅与厨房之间，以柚木柜作为软隔断，代替两个区域之间的墙体，柜体将开放式陈列和隐藏式收纳融为一体。双开门冰箱用嵌入方式来降低体量感，冰箱的釉瓷面板有比较明显的颗粒感，与地面石纹相呼应。业主的个性与品位，通过材质的细节质感得到充分体现。

案例

38

以柜体串联空间，打造家庭图书馆

使用面积：180 m²
原始格局：下跃复式，5室2厅2厨3卫
改造后格局：下跃复式，5室3厅1厨4卫
居住人数：8人

这是一个人口复杂的大家庭，三代八口人同住。随着两个孩子的长大，慢慢到了分房睡的年纪，男孩和女孩需要各自的独立房间，加上双方父母也要搬来，夫妻俩决定将房屋整体装修一番。三代人生活习惯各不相同，既需要家人之间的互动空间，又需保证各自生活空间的独立性，两个小朋友需要学习、玩耍两相宜的成长环境。

负一层

一层

问题1
房屋中部采光不佳
一层使用频率最高的客厅刚好位于房屋的中间位置，采光不佳

问题2
儿童房空间较小，内部配置稍有压迫感
相较于整个空间的面积，原一层的两间儿童房相对来说会显得局促很多，学习和游戏空间十分有限，需要重新分配调整面积比例

改造前

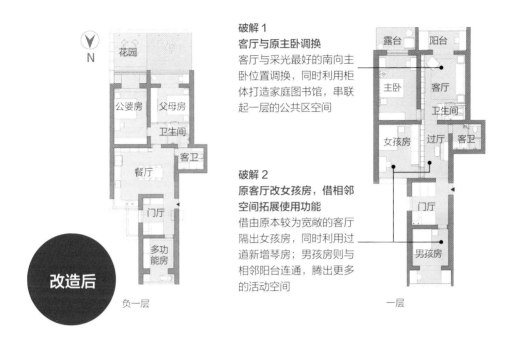

破解 1

客厅与原主卧调换

客厅与采光最好的南向主卧位置调换，同时利用柜体打造家庭图书馆，串联起一层的公共区空间

破解 2

原客厅改女孩房，借相邻空间拓展使用功能

借由原本较为宽敞的客厅隔出女孩房，同时利用过道新增琴房；男孩房则与相邻阳台连通，腾出更多的活动空间

负一层

一层

● 阳台巧利用，新增双人位自习区

与客厅相连接的小阳台也发挥了大作用，设计师在阳台新增双人位自习区，将其改为两个孩子的迷你小书房。阳台视野极佳，左右两侧的桌面宽度刚好能坐两个人，方便辅导小孩学习。

●客厅利用墙柜设计，打造家庭图书馆

对业主一家来说，卧室只是睡觉的地方，在客厅陪孩子玩耍、辅导学习的时间更多，相较而言客厅更需要好的光线。设计师通过调换客厅与原主卧，将一层客厅挪至南向采光更好的位置，并通过墙面留白及浅色木饰面为室内提亮。

原客厅位置则以相邻卧室的宽度为参照，新砌一面墙将空间一分为二，一半用作女儿房，一半改成钢琴房。设计师利用一整面书墙将南向客厅与琴房串联形成"家庭图书馆"，书架中间暗藏进入主卧的隐形门，与横梁断成两片形成强烈的对称感，视觉上更美观。

书架定制时，特意将书架的横板比竖板内退了3cm，看起来会更立体化。书架的灯光设计，能看到灯带主要集中在中间的位置，上下各去掉一格，整体性更强

状况 15 空间过小，无法兼顾宠物的生活需求

解决方案：利用定制家具，将人与宠物的生活空间无缝衔接

随着当下养宠的家庭数量不断增加，对现代人的居室设计也提出了新的议题，如何在有限面积内实现高品质的人宠共居环境，是当下很多家庭不得不面临的问题。宠物是家庭生活中的一分子，主人不仅要在宠物生命的关键时期给予生理及心理上的悉心照料，在家居空间的设计上，也要充分考量人与宠物之间亲密相处的不同体验。

案例

39

将猫爬架融入客厅，变成空间中的重要装饰

使用面积：90 m²
原始格局：3室1厅1厨2卫
改造后格局：2室1厅1厨2卫
居住人数：2人

　　这是典型的老旧三室格局：三小一大，即客厅小、厨房小、餐厅小。业主是一对年轻夫妻，家里有两只猫，希望公共区能足够宽敞明亮。设计师通过将零碎空间整合，移除客厅和卧室的墙面，让公共区域的客厅、餐厅和书房保持开放性，相互借空间，各功能区之间仅以家具做出隐形界定，以此来保留空间的完整。

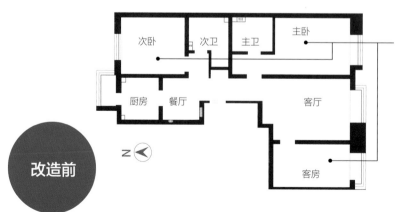

改造前

问题
空间配置与居住需求不匹配
原空间为三室一厅的格局，过多的卧室配置压缩了公共区面积，客餐厅过小，不适合业主的居住需求

改造后

破解 2
客厅增加宠物游戏区，丰富空间功能
靠墙位置增加猫爬架，增强空间趣味性的同时，也让宠物的生活空间无缝衔接人的生活空间

破解 1
拆客房并入客厅，客餐厅合并
拆一堵墙收获开阔的客厅尺度，减少空间布局上的零碎感，公共区仅由家具界定空间，让光线能够在室内充分照射

●利用角落 1 m²，自制猫爬架

猫咪的天性是爱爬高。如果不想未来的家被各种各样奇形怪状的猫爬架占领空间，不如在装修时提前为宠物开辟一块专属游戏区，其实并不需要多大空间，选择靠近窗户的位置定制通顶的猫爬架，既满足了它们爱晒太阳和喜欢爬上爬下的天性，又能把存在感较低的柱状通顶造型的猫爬架无缝融入公共区。人在客厅休息时，回头就能看到猫咪慵懒晒太阳的可爱模样，虽同处一室却又拥有各自的休息空间，亲密又独立就是家人间最好的陪伴关系。

165

●拆掉一面墙，扩大公共区的开阔尺度

原客厅与相邻小次卧合并，面积拓展至 27 m²。拆除墙体后，房间内大量的梁柱结构裸露出来，为了弱化承重结构在室内空间的存在感，设计师利用木饰面包裹柱体，修饰墙面，另一方面将横梁粉刷浅灰色的水泥质感艺术漆，将它自然和谐地融入设计中。木饰面与白色书柜在颜色上做出深浅对比，丰富视觉变化，书柜顶面预留凹槽暗装投影幕布，周末的客厅也能一秒切换家庭影院。

客厅整体氛围的设定以简单干净为主轴，3 m 长的白色大沙发是客厅和用餐区的隐形界定，保障了空间的开阔尺度与通透感。改造后的客厅变宽敞了，两只猫咪可趴可躺的区域也变多了，飘窗和沙发贵妃榻都是它们晒太阳的好去处。

考虑横梁结构压低了净高，所以公共区没做吊顶，客厅采用无主灯设计，顶面明装磁吸灯做主照明，灯体照射角度可自由调节，氛围感满满

用木饰面装饰承重结构，让其在空间中弱化

案例

40
闲置小阳台再利用，藏下猫卫生间

使用面积：51 m²
原始格局：1室1厅1厨1卫
改造后格局：1室1厅1厨1卫
居住人数：2人

　　这是一个"手枪"户型的一居室，房子老旧，采光不是很理想，原户型整体进深较长，进门室内一览无余，毫无隐私感可言。客厅是个长条形空间，虽然连接一个独立阳台，但小到几乎可以忽略不计，隔断还严重影响了室内采光。日常除业主夫妇居住外，还有两只小猫，如何在有限面积内平衡人与宠物间的生活空间，来看看设计师的解决方案。

改造前

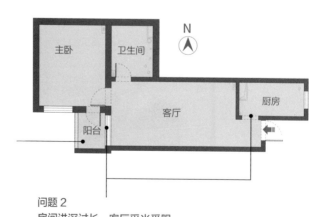

问题1
阳台面积过小，只能闲置
房子内唯一的小阳台，因为面积过小导致空间闲置，阳台的隔断也阻碍了客厅的正常采光

问题2
房间进深过长，客厅采光受限
面积本就小，房间内隔墙林立，所产生的阻断关系严重影响了公共区的采光

改造后

破解 1
阳台做地台，置入宠物生活空间
阳台做地台拓展储物空间，同时将宠物的生活空间纳入其中

破解 2
整合零散空间，公共区做开放式，引光入室
拆除阳台与厨房的非承重墙，分别从两边为客厅引入自然光

● "鸡肋"小阳台做地台，拓展储物空间藏下猫卫生间

考虑到阳台面积过小，且是公共区唯一的采光点，所以设计师将小阳台打通纳入室内，借此提升公共区采光，并为室内争取到更多的活动空间。阳台储物地台的加入，也丰富了客厅的生活场景。有客来访时，地台可作为沙发座位的补充，地台上方铺设软垫，阳台能随时切换为客卧使用。两只猫咪的卫生间也藏进了地台，临近窗户，方便日常通风。

阳台的侧面空间也没浪费，新增壁龛，方便储物

5

功能

现代人的家，
只装最真实的生活愿望

状况 16 面积有限，居家办公难

解决方案：同空间多功能叠加，"挤"出独立书房

随着居家办公的需求增加，反映在住宅设计上很明显的一点便是对居家办公环境的再思考。当工作与生活高度重叠在同一个空间时，该如何在有限的面积内实现职住一体？这在无形中对设计师提出了更高要求，家既要满足高效办公的需求，让人在被迫暂缓的情势下能够远离焦虑，快速摆脱居家办公的混沌状态，同时又需要久宅不腻，让人即便是处于长时间的居家状态，仍能满足舒适、自在的基本需求。

41

巧用『口袋门』，2 m 宽小次卧变宽敞大书房

使用面积：93 m²
原始格局：3室1厅1厨2卫
改造后格局：2室1厅1厨2卫
居住人数：2人

业主胡先生与太太黄女士都是自由职业者,这个小三室既是居住空间,也是私人工作室。他们不仅需要名表展示柜,还对办公空间有一定的私密性要求。考虑到业主"职住一体"的诉求,独立书房成为刚需,女主人的父母偶尔会来小住,还需要预留出临时留宿的弹性空间,双卫也是必不可少的配置。设计师将原两间小次卧打通,将书房与次卧整合在一个空间内。

改造前

问题 1
没有独立办公空间
虽然是三居布局,但东向两间小次卧是由原业主硬隔出来的空间,宽度只有 2 m 多,放下床和衣柜后,活动空间极小

问题 2
交通过道冗长,空间浪费
连接客厅与主卧的过道长约 4.2 m,却只有 80 cm 宽,只能容纳 1 人行走,左右两侧为隔墙,几乎零采光

玄关　客餐厅　次卧　次卧
厨房　客卫　主卫　主卧
N

破解 1
打通两间次卧，改为书房和客卧
拆除两次卧之间的非承重墙，重整格局，利用墨菲床
将宽仅 2 m 的次卧空间改为书房和客卧，床体可藏于
墙，日常将床体收起，次卧仅作书房使用

破解 2
次卧做半开放式，为过道引光
次卧大多数时间都是办公间的
状态，所以设计师利用"口袋门"
将其作为半开放式空间，平时
门体打开，过道可作为书房的
一部分，东面的自然光线也可
引入昏暗过道

改造后

餐厅

玄关

次卧

客厅

客卫　主卫　主卧

厨房

N

●客餐厅叠加书房功能，设置名表展示柜

公共区客餐串联，餐厅靠近入户区，一定程度上也承载着办公区的功能。客厅的窗户为室内提供充足的阳光，透光性更好的素色窗帘有使光线柔和的效果，有效调和太阳的光线，透光不透影的材质也能保证室内的私密性。

玄关转角处，设计师利用定制家具新增了一组名表展示柜，黑色亚光烤漆板材搭配玻璃柜门，展示与收纳兼备。

厨房采用开放式布局设计，有客来访时，即便是
在做家务，也能随时照顾到客人

临窗设置高约 15 cm 的休闲飘窗卡座，打造半围
合休闲区，座位加铺软垫保证舒适坐感

用黑色亚光烤漆板搭配玻璃柜
门做展示柜

●以"口袋门"代替墙，为昏暗的过道引光

　　为改善过道的采光问题，设计师将书房打开，做成半开放式空间，"口袋门"的门体利用悬浮吊轨方式安装，可直接藏于墙内，地面无轨道，平时书房与公共区无缝衔接，自然光线也能最大程度地被引入过道。书房对面，通过墙体内推实现客卫干区外移，设计师将家政间并入过道，借此提升交通走廊的空间利用率。木格栅推拉门与书房红橡木门板的纹路相呼应。

用悬浮吊轨方式
安装"口袋门"。
打开时门体直接
藏于墙内，地面
无轨道

●次卧打通，改为书房，藏下墨菲床

次卧合二为一后，原本被一切为二的窗户也完全能利用上，整面玻璃窗完整保留了窗外的风光，宽度仅 2 m 的小次卧也能拥有大平层的视野体验。

这里是男业主的独立办公空间，能满足商务洽谈的需求。亚克力桌腿的悬浮式办公桌设计，轻盈感十足，在视觉上为小空间"减负"。办公区背景墙做内嵌式书柜，兼顾展示与收纳，双色肌理木饰面作为空间中的点睛装饰，无形中也有划分功能区的作用。对面墙内藏下一张宽 1.5 m 的墨菲床，床体放下时，书房又能切换成睡眠模式。

透明亚克力桌腿，营造悬浮式视觉效果，轻盈感十足

书柜两侧设置封闭式储物空间，方便杂物收纳

墨菲床藏于定制柜体中，在视觉上不显突兀，书房可弹性应对各种需求

42

客厅融入办公区，珐琅板柜门能当黑板用

使用面积：80 m²
原始格局：3室1厅1厨2卫
改造后格局：2室2厅2厨2卫
居住人数：2人

　　因为工作缘故，业主夫妻两人居家办公是常态。需要为业主设计出一处独立办公空间，将不合理的三居室恢复为两室是改造的第一步。考虑以后有了孩子，老人也会过来同住，独立双卧的配置是基础。相比在卧室内设计办公区，不如将足够宽敞且采光更好的客厅作为首选，通过空间内多种功能叠加，解决业主居家办公的实际需求。

改造前

问题 1
客餐厅空间小，功能单一
业主两人都需居家办公，公共空间太小，无法兼顾多种需求

问题 2
原户型三间卧室，空间浪费，无多余空间作书房
三间卧室的配置对业主两人来说有些奢侈。独立的办公空间需求无法满足

破解1
客厅电视墙作为书柜,新增办公区
业主居家办公的频率较高,相比功能单一的客厅,一间能办公、可休闲放松的多功能起居空间更适合这个家庭

改造后

破解2
两室一厅格局,满足生活需求
将房子恢复为原两室一厅的布局后,考虑到业主未来的生育计划,独立两居室的布局才能满足一家人的基础居住需求

●以书柜代替传统电视墙,珐琅板作柜门可随意涂鸦

业主没有看电视的需求,公共区简约舒适即可。女业主常在家上网课,所以在客厅电视墙定制一组书柜,开放格与珐琅板门作为书柜的主要呈现形式,将面板插座、线路沟槽、投影仪接口等隐藏在墙体内,使书柜整洁有序。可灵活移动的柜门,刚好是储物格的宽度,柜门的表面材质是珐琅,能直接作黑板使用,方便女主人上课,将来也能让小朋友随意涂鸦。

柜体门板可根据使用需求灵活移动,珐琅材质好擦洗,可随意涂鸦

●利用转角桌，将"鸡肋"角落变成高效办公区

办公区临窗而置，旁边的工作区由层板巧妙拉平墙面，上面可放置男主人喜爱的小摆件，在休息之余也能觅得心灵上的放松与愉悦。

窗外丝丝暖阳透过软帘洒落室内，呈现出一片优闲宁静的氛围。客厅沙发与书柜之间有宽约 2.4 m 的过道，设计师特意做留白处理，业主平时在家有席地而坐的习惯，搭配懒人沙发或蒲团作休闲区，可阅读、观影，未来也是重要的亲子互动空间。

书桌靠墙位置加背板延续木作设计，让书柜与桌体能够自然衔接

工作区层板拉平墙面，放置小摆件

状况 17　常规亲子住宅过于"低龄化"

解决方案：注重互动性和亲密感，不以传统标签定义空间

　　亲子空间只有色彩缤纷、造滑梯这一种方案吗？当生活空间因现实因素被极限压缩时，如何在保证一家人舒适居住的前提下，为孩子打造一个利于成长的住宅？或许摆脱常规的思维模式，真正站在儿童的视角去打造适合玩耍且兼顾成长性的居家场所，才是适用亲子住宅的解决方案。

案例

43

寓教于乐 打造能培养动手能力的亲子住宅，

使用面积：58 m²
原始格局：2室1厅1厨1卫
改造后格局：2室1厅1厨1卫
居住人数：3人

在教育资源好的地段购买学区房，为了孩子的教育及生活便利住进"老破小"，是很多家庭都会做的选择，业主夫妇也不例外。房子虽然是个格局、采光均不理想的"手枪"户型，却不影响业主一家对高品质生活的追求。业主期望能拥有一个适合孩子成长的家，设计师通过规划设计，创造出适合幼儿使用的居住环境，旨在鼓励孩子能够更早拥有独立生活的能力，培养小朋友的动手能力。

问题 1
动静分区混乱
主次卧分别位于房屋两端，互动性较差，对于刚刚适应分房睡的幼童来说并不适合

问题 2
空间分布不合理
主卧过大，一家人使用频率最高的客厅却很小，且整体采光不佳

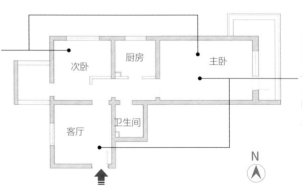

次卧　厨房　主卧

客厅　卫生间

N

改造前

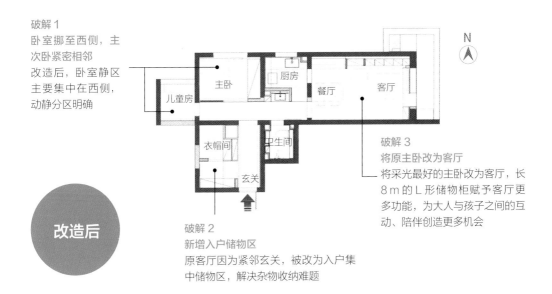

破解 1
卧室挪至西侧，主
次卧紧密相邻
改造后，卧室静区
主要集中在西侧，
动静分区明确

破解 3
将原主卧改为客厅
将采光最好的主卧改为客厅，长
8 m 的 L 形储物柜赋予客厅更
多功能，为大人与孩子之间的互
动、陪伴创造更多机会

改造后

破解 2
新增入户储物区
原客厅因为紧邻玄关，被改为入户集
中储物区，解决杂物收纳难题

●以开放式柜体储物的形式，鼓励孩子参与家庭活动

客厅靠近厨房的位置设置用餐区，餐边柜设置了小家电操作区，墙面以软木洞洞板和搁板储物，方便零食、水杯等方便挂取的小物件收纳。所有柜门都以无纺布软帘代替，节省预算，开启取物也轻便，搭配开放式的储物设计刚好能鼓励孩子积极参与到家务中来，自己取碗碟餐具，在帮助大人完成简单家务活的过程中收获成就感。

餐区与厨房之间开传菜口，增加亲子间的
互动与传递物品的乐趣

无纺布软帘既能遮挡一方杂乱，同时也是
小朋友的画布，真正的"定制款"柜门

●新旧融合，让自带温度的旧家具陪伴孩子成长

　　亲子空间注重互动性，通过空间功能整合，创造出更多让一家人聚在一起的空间。设计师将采光最好、最宽敞的东向卧室改成一家人使用频率最高的客厅，客餐厅合并。业主很注重陪伴孩子的成长，从细节入手，小到毛绒玩具、大到日常生活中随处可见的家具，都能成为情感陪伴的依托。

　　整个空间围绕一组长达 8 m 的 L 形复合柜展开，柜体承载了餐边柜、儿童绘本架、大人书架、玩具收纳和办公桌等功能，整个柜体由钢架固定，可收纳千本图书。大人的书籍与儿童绘本依据身高分区收纳，玩具柜也放置在孩子伸手就能取物的高度，方便孩子独立操作收取物品，鼓励孩子自己动手。

儿童绘本架用亚克力配件直排存放，绘本图案面向外侧方便小朋友查看

阳台改作办公区，拆不掉的墙垛与书架连接，方便大人办公、阅读

●儿童房紧邻主卧，解决分房睡的焦虑

儿童房与主卧仅一墙之隔，亲密的空间关系既能方便大人照顾，也能给孩子多一点安全感。串联客厅动区与卧室静区中间长约 4.5 m 的走廊变身游戏活动区，一字形跑道能让孩子充分释放能量，满足孩子爱动的天性。

儿童房由小阳台改造而来，设计师在更换窗户后，重新做了保暖和防水，房间 1.8 m×1.7 m 的尺寸刚好做矮地台，安全、高效地利用空间。儿童房内虽没有缤纷靓丽的色彩，但业主夫妇和孩子共同创作的涂鸦就是空间最好的装饰。

以儿童房涂料做墙绘，通过手掌印、喷绘等方式完成的涂鸦，十分有爱

主卧与儿童房用压花玻璃门做隔断，方便随时照看孩子

44
以书柜代替电视柜，培养良好的阅读习惯

使用面积：56 m²
原始格局：2室1厅1厨1卫
改造后格局：2室2厅1厨1卫
居住人数：3人

　　房子是属于西朝向的边户，室内隔墙林立，房间被分成了一个个"豆腐块"。为改善室内闭塞、拥堵的现状，设计师拆除部分非承重墙，设计螺旋状动线，功能区递进层次分明，又能避免一眼望到底。考虑培养孩子良好的阅读习惯，设计师将公共区打造成家庭图书馆，依据空间功能的合理规划设计，高效解决了有娃家庭海量杂物的收纳问题，这也是小户型想要长久保持整洁、明快的秘诀所在。

改造前

问题 2
客厅功能单一，缺乏亲子空间
各空间各自独立，客厅功能单一，缺乏互动性

问题 1
进门长过道贯穿空间
一条长约5.6 m、宽1.35 m的走廊贯穿室内，从门口连接厨房，存在空间浪费的情况

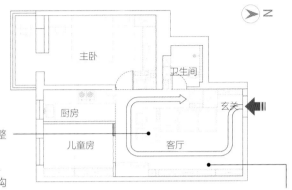

改造后

破解 1
打造螺旋式动线，将功能区整合集中
客厅置入一组柜体，与沙发、餐桌串联，形成一个 Z 形结构的集成式功能区，空间递进层次感更强

破解 2
客厅叠加书房功能，打造家庭"图书馆"
从客厅至儿童房由一组书柜连通，柜子承载着客厅图书馆、餐厅、儿童房三个空间的储物功能

● 过道巧利用，新增独立餐厅区

儿童房仅保留睡眠功能，设计师在改造时适当缩小了儿童房的面积，整合客厅与儿童房之间的交通走道，新增了一个独立餐厅区，实现了两室两厅的布局。长 1.5 m、宽 0.6 m 的餐桌靠墙放置，面积虽小却也功能齐全。

墙面设置电源轨道插座，需在水电施工阶段提前预留安装位置，方便使用小家电

餐厅与厨房相邻，转角处利用定制柜嵌入冰箱，在冰箱侧面做开放式储物格，方便常用餐具、酒水饮料的收纳

●功能叠加，在小客厅里打造家庭图书馆

客厅围绕一组长 8.66 m、高 2.5 m 的书柜展开，书柜中间设置 35 cm × 35 cm（长 × 宽）的开放式储物格，35 cm 的进深方便搭配收纳盒使用，以保持空间的整体性和整洁性。在书柜下方设计 6 个大抽屉斗柜，用来收纳儿童识字卡等常用的物品，上层顶柜遮挡老旧管道之余，预留了充足的杂物储存空间。

整个柜体的尺寸依据使用者的身高来定制，开放格位于平视视线内的中央位置，将不常使用的物品收纳在比使用者手肘高 20 cm 的高柜内，取物不费力；底部抽屉刚好位于比使用者手肘低 20 cm 的位置，日常翻找深处物品不累腰。

书柜左侧靠近玄关，柜内预留植物端景的嵌入位置，借此创造入户视觉落点

抽屉高度低于使用者手肘 20 cm 处，拿取物品不费力

书柜顶面暗藏幕布盒，用投影取代传统电视机

●推拉门代替墙体，做可成长型的儿童房

　　缩小面积后的儿童房以磨砂玻璃推拉门代替隔断墙，做半开放式，一来能为室内引入自然光线，提升空间的通透感；二来当门全打开时，儿童房能自然融入公共区，增强各空间的互动性，大人在客厅也能随时照看孩子。等孩子长大后，儿童房也能并入公共区，空间使用更加灵活。

磨砂玻璃门打开后，空间更灵活

低矮的开放式的储物格设计更方便小朋友使用，有助于养成自己的物品自己收的好习惯

45

三代同堂体面住，作息不同也能互不打扰

使用面积：115 ㎡
原始格局：3室2厅1厨2卫
改造后格局：3室2厅1厨2卫
居住人数：5人

业主一家五口人共同居住，首要解决的是如何在有限的面积内平衡三代人的居住需求，这不仅要满足年轻人的审美喜好、作息要求，确保儿童成长环境的舒适性，同时还要关注老人的居住幸福感，将真正的适老化设计做到老人的心坎里。面对三代人不同的作息时间，为了照顾老人的睡眠质量，设计师将西侧房屋规划为老人房，房内自带独立卫生间，起夜动线各自独立，为老人的日常使用提供最大便利。

改造前

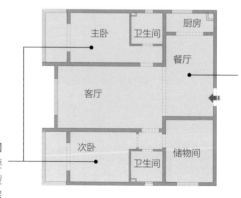

主卧
卫生间
厨房
餐厅
客厅
次卧
卫生间
储物间

问题 1
只有两间房，孩子需要独立空间
孩子已到了分房睡的年纪，需要一个独立空间，原两居室的户型结构无法满足三代五口人的居住需求

问题 2
玄关储物功能缺失，入户杂物难解决
玄关与餐厅共处一个空间，收纳空间不足且容易显杂乱

破解 1
将储物间改成儿童房；原主卧改成老人房，做适老化设计
将原客房改为业主夫妇的房间，储物间改为儿童房，两间卧室各自独立，卧室与公共区衔接处增加一道推拉门做双重保障，增强隔声效果

破解 2
玄关新增柜体储物系统
用餐区及玄关分区设置储物系统，解决杂物难题

● 起夜动线独立，在老人房增加适老化设计

原主卧改老人房，简单素雅的空间布置顺应了老人一贯的审美喜好。卧室统一铺设木地板，相比瓷砖，木地板的脚感更舒适。设计师在床头两侧都设置了插座及双控开关，台灯也是必不可少的配置，为老人的日常起夜提供充足的灯光照明，安全性更高。老人房内配置独立卫生间，特意拓宽的门洞及推拉门设计，能方便日后轮椅的使用，最大限度地保证活动空间的宽敞度，同时减少地面障碍，以确保老人在浴室活动的安全性。

利用墙漆做房门通顶效果，视觉上增加净高

主卫门洞拓宽做玻璃推拉门，同时减少地面障碍，方便后期老人的轮椅能直接推进卫生间内

●卧室分区，年轻人实现晚睡自由

　　设计师将老人房安置于原主卧位置，用客厅将老人房与业主和孩子的房间分隔开来，更好地保证了各自空间的独立性。业主夫妇的卧室紧邻儿童房，这样的布局也能帮助小朋友尽快适应分房睡的情况，缓解分离焦虑。公共区整体做开放式布局，阳台并入室内改为地台休闲区，尽可能多地为一家人提供日常互动场所。电视墙书柜与阳台柜自然衔接，男业主的藏书有了固定收纳空间。

客厅左侧是业主和孩子的房间，右侧为老人房，各自独立

阳台做地台休闲区，为一家人创造更多互动空间，地台向上抬高嵌入灯带，有区分空间的效果

●在玄关增设大容量储物空间，避免杂物侵占空间

　　原户型无玄关，进门即是开阔的公共空间，储物功能缺失，无法满足三代人的储存需求。为避免因物品增多导致室内空间杂乱的情况，设计师在入户区利用一组 3 m 长柜增设玄关区，柜体内嵌换鞋凳，可解决一家五口人鞋包、外套等物品的收纳问题。

柜子进深 60 cm，使卡座换鞋凳具有舒适的坐感